에듀윌이
너를
지지할게

ENERGY

처음에는 당신이 원하는 곳으로
갈 수는 없겠지만,
당신이 지금 있는 곳에서
출발할 수는 있을 것이다.

– 작자 미상

에듀윌과 함께 시작하면,
당신도 합격할 수 있습니다!

대학 졸업 후 취업을 위해 바쁜 시간을 쪼개며
전기 자격시험을 준비하는 취준생

비전공자이지만 더 많은 기회를 만들기 위해
전기 자격시험에 도전하는 수험생

전기직 업무를 수행하면서 승진을 위해
전기 자격시험에 도전하는 주경야독 직장인

누구나 합격할 수 있습니다.
시작하겠다는 '다짐' 하나면 충분합니다.

마지막 페이지를 덮으면,

에듀윌과 함께
전기 자격시험 합격이 시작됩니다.

에듀윌 전기수학_수포자를 위한 특급 처방약!

학습 플래너

수포자를 완벽하게
탈출하는 그날까지!

1. 학습한 날을 작성합니다.
2. 이해한 정도에 따라 별을 그려줍니다. 잘 이해하였으면 ★★★, 이해하기 어려웠으면 ★과 같이 이해도를 별의 개수로 나타냅니다.
3. 별의 개수가 적은 챕터는 강의를 다시 들으며 복습합니다.

PART 01

CHAPTER	학습일	이해도	복습일	완료
01. 분수				☐
02. 어림하기				☐
03. 문자와 식				☐
04. 방정식				☐
05. 함수				☐
06. 지수와 제곱근				☐
07. 곱셈공식과 인수분해				☐
08. 부등식				☐
09. 삼각비				☐
10. 삼각함수				☐
11. 복소수				☐
12. 행렬				☐
13. 로그				☐
14. 극한				☐
15. 미분				☐
16. 적분				☐
17. 라플라스 변환				☐

PART 02

CHAPTER	학습일	이해도	복습일	완료
01. 단위				☐
02. 전기·자기 단위				☐
03. 전기 용어				☐
04. 전기 공식				☐

에듀윌 전기수학
수포자를 위한 특급 처방약!

기초가 부족해도
할 수 있을까요?

수포자

수포자인데 할 수 있을까요?
전기기사를 준비하려고 하는데 수학이나 전기에 대한 기초지식이 없어도 합격이 가능한가요?

오랜만에 책을 보려니 자신이 없어요.
경력이 되어 전기기사를 준비해보려고 책을 봤는데 수학식이 너무 많고 어려워 보입니다. 전기기사 가능할까요?

현직자

비전공자

문과생도 합격할 수 있을까요?
비전공자이고, 수학을 정말 싫어합니다. 그래도 자격증 취득이 가능할까요?

*에듀윌 기사(knight.eduwill.net) 주요 질문 내용 발췌

네! 에듀윌이라면 가능합니다!

1
수학초보, 전기초보를 위한 완벽한 구성!

기초수학
+
기초전기

2
학습한 내용을 실전에 적용!

기출 미리보기
+
수포자 탈출 자격검정

3
수포자 탈출을 위한 무한 지원!

질문방 서비스
+
에듀윌 지식인

PREVIEW | 찐수포자를 위한 비밀수첩

+, −, ×, ÷만 아는 찐수포자도 할 수 있다!
기초 중의 기초만 모은 수학 강의 3강과 공학용계산기 사용법 1강의 무료강의를 제공하였다. 단계별 구성으로 수준에 맞도록 학습을 시작할 수 있다.

무료강의와 함께 학습할 수 있습니다.

강의 내용을 자신에게 맞게 정리할 수 있습니다.

초보자 수준의 상세한 계산과정을 보여줍니다.

* 무료강의는 5월부터 순차적으로 제공되어 6월에 모든 강의가 업로드 될 예정입니다.

PART 01 | 기초수학

기사시험 준비에 필요한 수학을 모두 담았다!
왕초보, 초보, 중수, 고수 네 개의 STEP, 총 17개의 CHAPTER로 구성되어 있으며 매 CHAPTER마다 무료강의를 제공하였다.

주요 개념은 별색으로 나타내어
집중학습할 수 있도록 하였습니다.

계산기 TIP을 담아
학습의 효율성을 높였습니다.

문제와 풀이를 나란히 두어
학습의 편의성을 높였습니다.

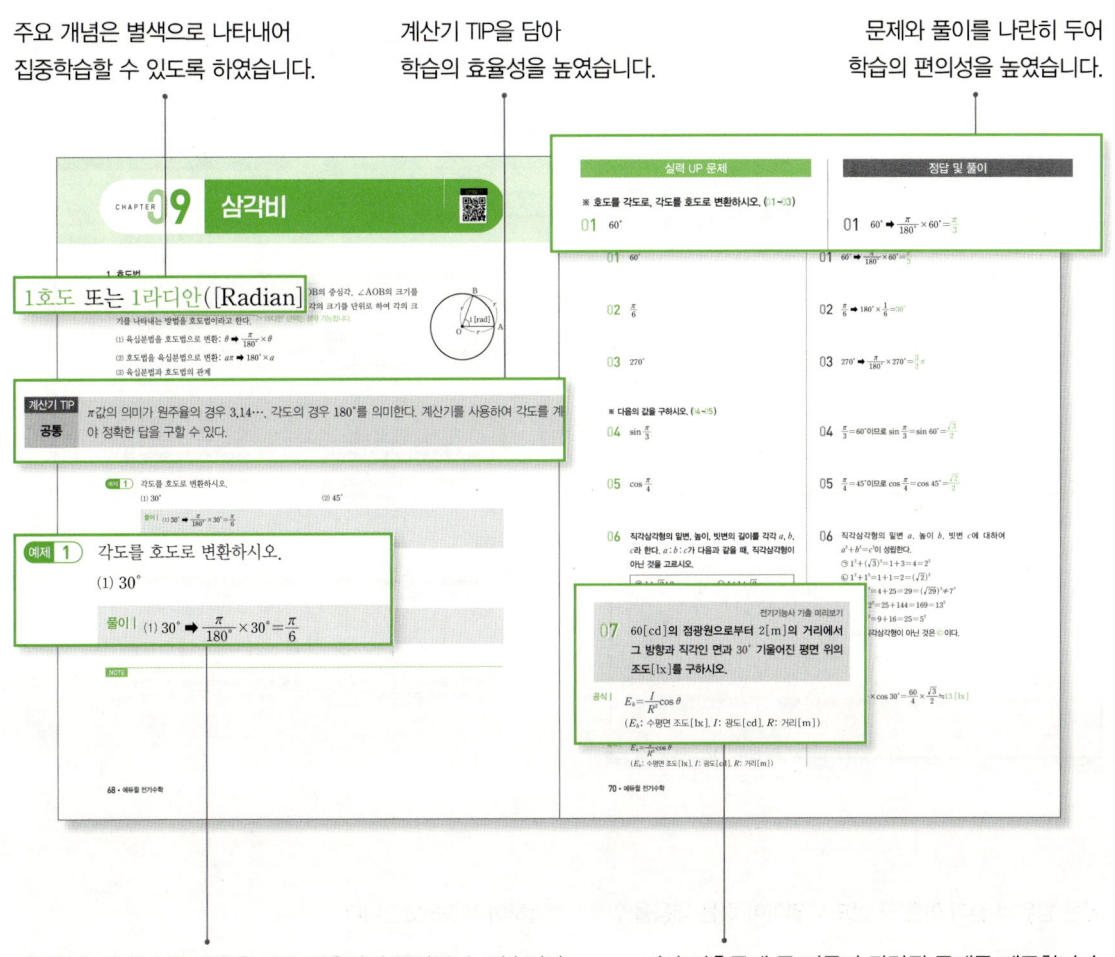

예제를 통해 학습한 내용을 바로 적용하여 풀어볼 수 있습니다.

기사 기출문제 중 이론과 관련된 문제를 제공합니다.

PART 02 | 기초전기

전기 관련 기사시험을 위해 알아야 할 내용만 알차게 담았다!
단위부터 필수 공식까지 반드시 외워야만 하는 핵심 내용을 매 CHAPTER별 무료강의와 함께 제공하였다.

전기 단위와 용어에 관련된 기사 기출문제를 담았습니다.

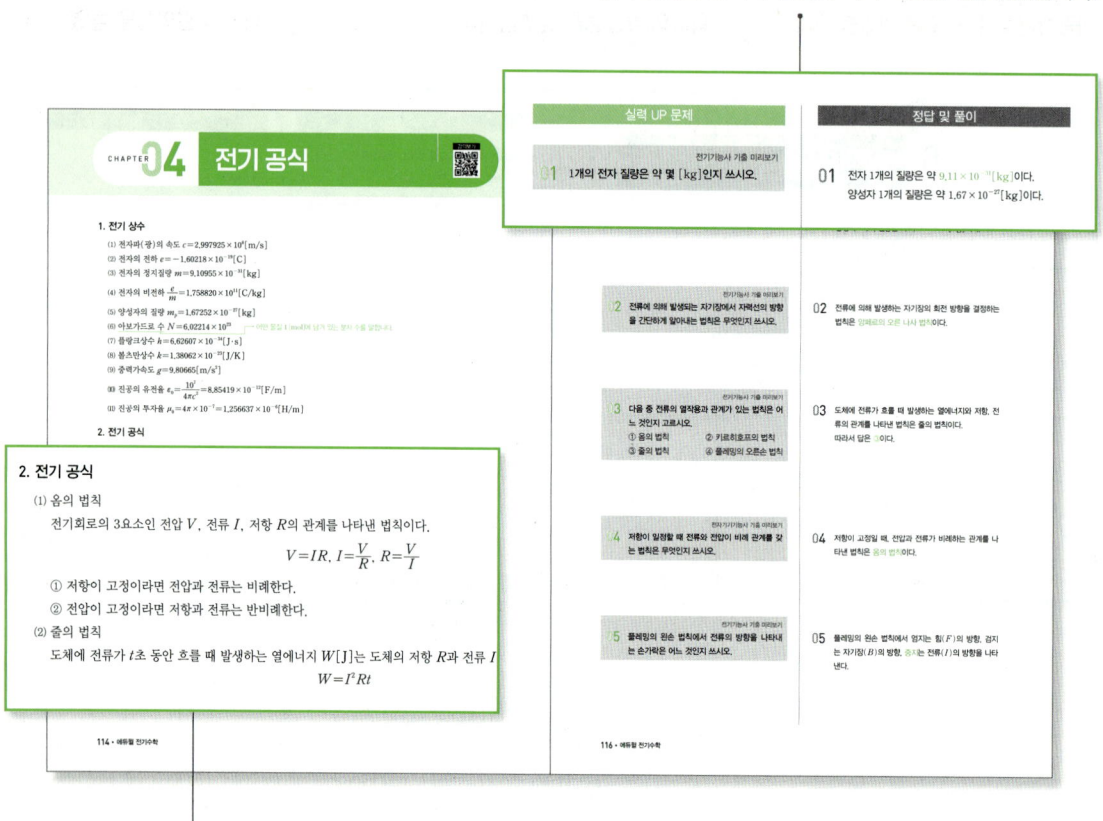

넓은 범위의 전기 이론 중 반드시 알아야 하는 내용을 압축·선별하여 제공하였습니다.

TEST | 수포자 탈출 자격검정

전기기능사 외 여러 기사시험의 실제 기출문제를 제공하였다.
'수포자 탈출 자격검정'을 통해 기사시험 학습 전 기본기를 키울 수 있다.

다양한 기사시험의 실제 계산 기출문제를 담았습니다.   출제되었던 기사시험명을 표기하였습니다.

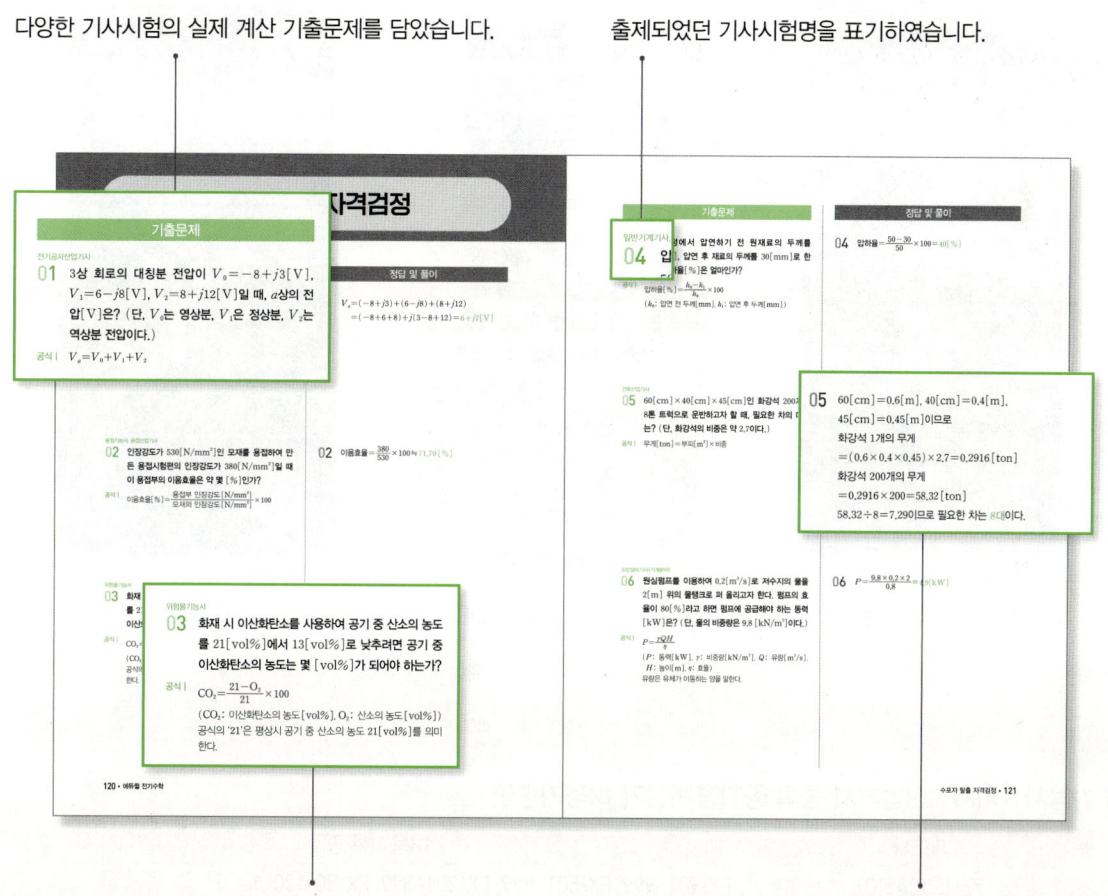

학습하기 용이하도록 문제와 관련된 공식을 제공하였습니다.   누구나 쉽게 이해할 수 있도록 상세한 풀이과정을 제공하였습니다.

공학용계산기 활용

주요 3대 공학용계산기

「에듀윌 전기수학」은 '공학용계산기 TIP'을 제공한다. 단순한 수학 이론, 문제에서 더 나아가 실효성 있는 **기사 시험을 위한 수학**이 될 수 있도록 하였다.

교재에서 사용한 주요 3대 공학용계산기

CASIO사의 fx-570ES PLUS

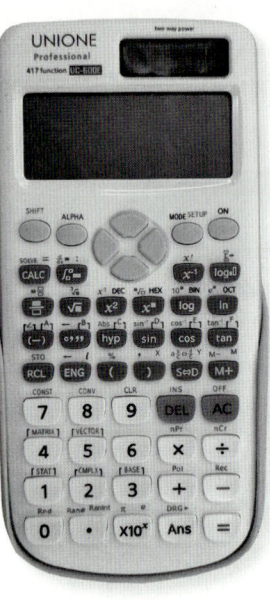
UNIONE사의 UC-600E

SHARP사의 EL-5100TS

기능사 · 기사 · 산업기사 종목 공학용계산기 허용기종군

제조사	허용기종군
카시오(CASIO)	FX-901~999, FX-501~599, FX-301~399, FX-80~120
샤프(SHARP)	EL-501~599, EL-5100, EL-5230, EL-5250, EL-5500
캐논(CANON)	F-715SG, F-788SG, F-792SGA
유니원(UNIONE)	UC-400M, UC-600E, UC-800X
모닝글로리(MORNING GLORY)	ECS-101

* 허용군 내 기종번호 말미의 영어 표기(ES, MS, EX 등)는 무관
  시험 전 큐넷 홈페이지(www.q-net.or.kr) 확인 요망

질문방 서비스 ✚ 에듀윌 지식인

질문방 서비스

1 입장 방법

[모바일] 우측 QR 코드를 찍어 입장합니다.
[PC] 에듀윌 도서몰(book.eduwill.net) ▶ 문의하기 ▶ 교재(내용, 출간) ▶ '전기 질문방'으로 입장합니다.

2 이용 방법

질문 시 해당 페이지의 이미지를 함께 업로드해야 합니다.
1일 최대 3개까지 질문 가능합니다.

3 빠른 답변 서비스

월~목 09:30~16:00 안에 요청하신 질문은 당일 답변해 드립니다. 다만, 이외 시간에 요청하신 질문이나 해석상 이견이 있을 수 있는 질문은 다음날 또는 월요일에 답변해 드립니다.

에듀윌 지식인

1 합격자가 답해주는 지식인

합격자의 생생한 답변을 통해 정확한 정보를 얻을 수 있습니다.

2 생활 밀착 질문 가능

공부법 및 시험날 팁 등 자격증 관련 질문도 답변 받을 수 있습니다.

준비 가능한 자격증

전기기능사

전기기능사는 전기산업기사, 전기기사, 전기공사산업기사, 전기공사기사 자격증 취득의 첫단계이다.

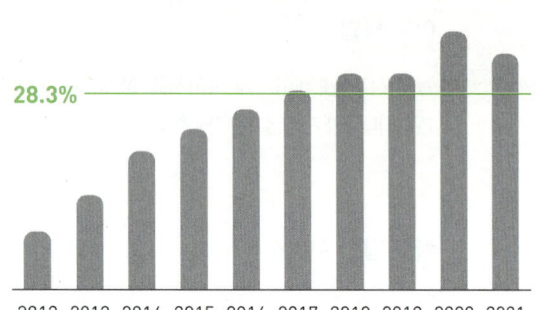

* 수치 근거: 큐넷 홈페이지(www.q-net.or.kr)

전기(산업)기사, 전기공사(산업)기사

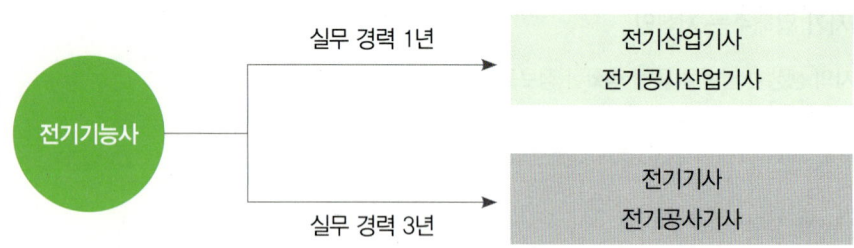

그 외 자격증

기능사	→	산업기사	→	기사
		소방설비산업기사(전기분야)	→	소방설비기사(전기분야)
		소방설비산업기사(기계분야)	→	소방설비기사(기계분야)
위험물기능사	→	위험물산업기사		
		건축산업기사	→	건축기사
				일반기계기사
		대기환경산업기사	→	대기환경기사
		토목산업기사	→	토목기사
				화공기사
공조냉동기계기능사	→	공조냉동기계산업기사	→	공조냉동기계기사
		산업위생관리산업기사	→	산업위생관리기사
가스기능사	→	가스산업기사	→	가스기사
전자기기기능사	→	전자산업기사	→	전자기사
용접기능사	→	용접산업기사	→	용접기사

CBT 소개

CBT(Computer Based Test)란 컴퓨터 기반 시험으로 컴퓨터를 이용하여 시험에 응시하고, 성적 처리 또한 컴퓨터로 이루어지는 시험 방식을 말한다.

CBT 체험하기

1 큐넷 홈페이지(www.q-net.or.kr)에 접속하세요.
첫 화면 우측 하단에 있는 'CBT 체험하기'를 선택하세요.

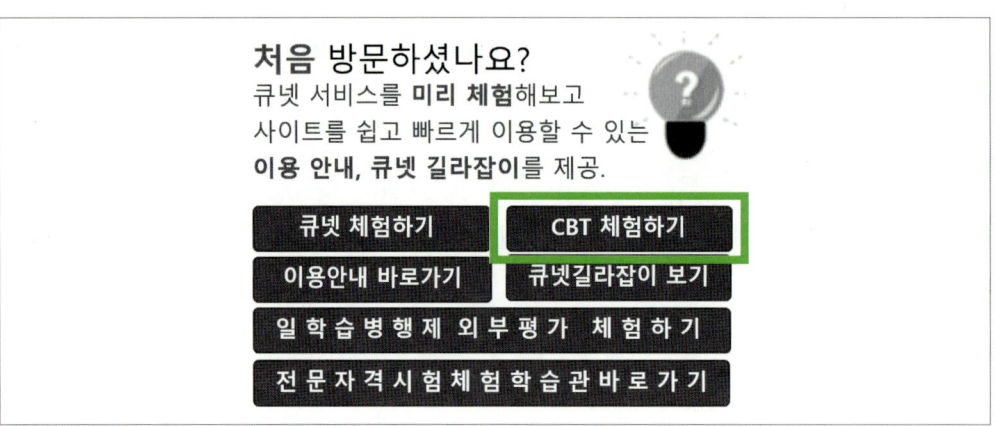

2 체험하고자 하는 자격시험을 선택하여 튜토리얼을 진행하세요.

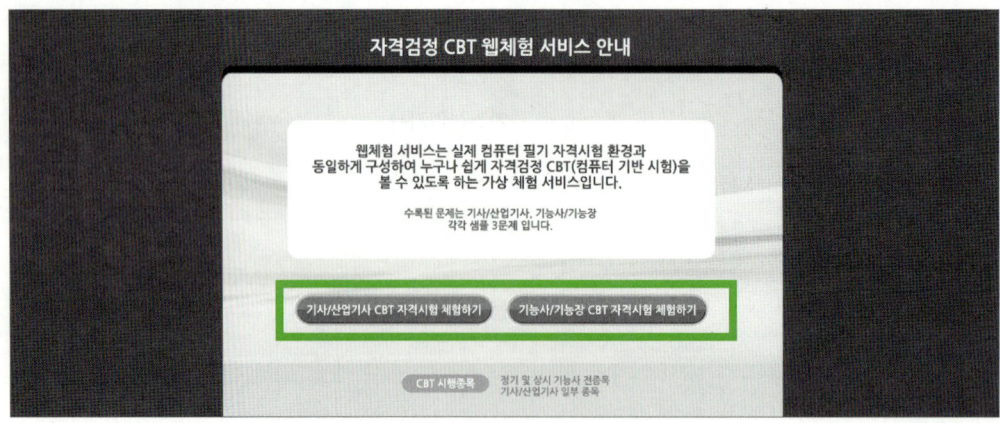

3 안내사항 및 유의사항 등을 확인하고, 시험준비를 완료하세요.

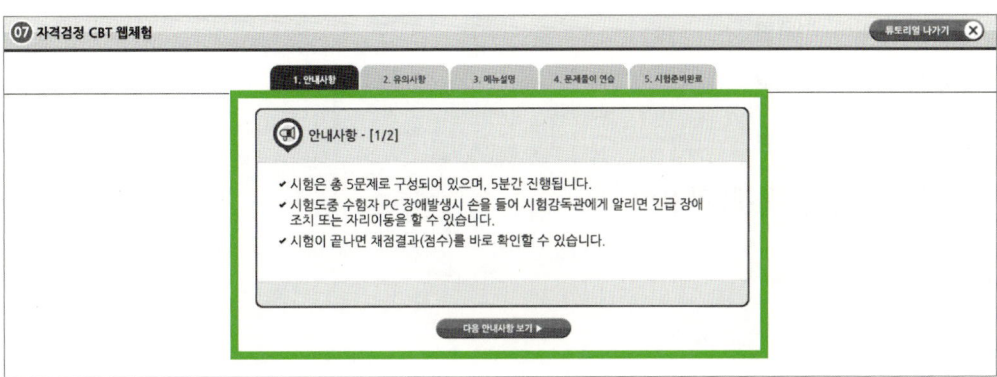

4 시험 종료 후, '답안 제출'을 선택하세요.

5 답안 제출 후, 득점 및 합격여부를 바로 확인합니다.

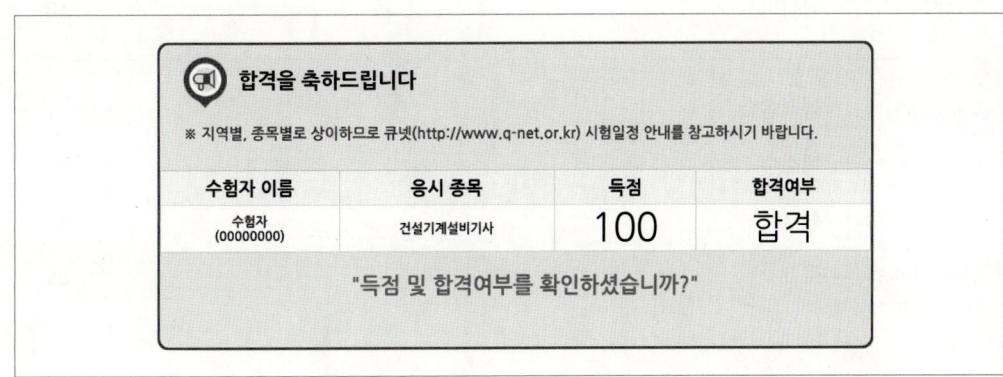

차례

PREVIEW | 찐수포자를 위한 비밀수첩

CONTENTS 1	기초편	20
CONTENTS 2	연산편	23
CONTENTS 3	함수편	26
CONTENTS 4	공학용계산기 사용편	30

PART 01 | 기초수학

CHAPTER 01	분수	36
CHAPTER 02	어림하기	40
CHAPTER 03	문자와 식	44
CHAPTER 04	방정식	48
CHAPTER 05	함수	52
CHAPTER 06	지수와 제곱근	56
CHAPTER 07	곱셈공식과 인수분해	60
CHAPTER 08	부등식	65
CHAPTER 09	삼각비	68
CHAPTER 10	삼각함수	71
CHAPTER 11	복소수	74
CHAPTER 12	행렬	79
CHAPTER 13	로그	86

CHAPTER 14	극한	89
CHAPTER 15	미분	92
CHAPTER 16	적분	96
CHAPTER 17	라플라스 변환	100

PART 02 | 기초전기

CHAPTER 01	단위	104
CHAPTER 02	전기・자기 단위	108
CHAPTER 03	전기 용어	110
CHAPTER 04	전기 공식	114

TEST | 수포자 탈출 자격검정

수포자 탈출 자격검정 120

찐수포자를 위한

비밀수첩

덧셈과 곱셈만 알면 할 수 있다!

CONTENTS	
기초편	20
연산편	23
함수편	26
공학용계산기 사용편	30

찐수포자를 위한 비밀수첩 1 기초편

1. 문자와 식

(1) 문자를 이용한 식의 표현

문자를 사용하여 수량 사이의 관계를 표현

(2) 문자를 이용한 식의 활용

① 곱셈 기호 '×'는 생략 가능하다. 예 $3 \times t = 3t$

② 수는 문자 앞으로 온다. 예 $s \times 5 = 5s$

③ 문자 앞에 '1'은 생략한다. 예 $1 \times a = a,\ -1 \times a = -a$

④ 같은 문자의 곱은 지수를 사용하여 거듭제곱으로 나타내고, 두 개 이상의 다른 문자의 곱은 알파벳 순으로 쓴다.

예 $s \times s \times s \times s = s^4,\ 3 \times t \times 4 \times s \times m = 12mst$

⑤ 나눗셈은 나누는 수의 역수의 곱으로 표현할 수도 있다. 예 $4 \div t = 4 \times \dfrac{1}{t} = \dfrac{4}{t}$

⑥ 식에서 괄호는 ( ), { }, [ ] 순으로 푼다.

예 $\{5 \times (1+3) + (8-4)\} \div 3 \times 7 = (5 \times 4 + 4) \div 3 \times 7 = 24 \div 3 \times 7 = 56$

2. 이항의 원리

(1) 등식의 성질

① 등식의 양변에 같은 수를 더해도 등식은 성립한다.

➡ $a = b$이면 $a + c = b + c$이다.

② 등식의 양변에서 같은 수를 빼도 등식은 성립한다.

➡ $a = b$이면 $a - c = b - c$이다.

③ 등식의 양변에 같은 수를 곱해도 등식은 성립한다.

➡ $a = b$이면 $ac = bc$이다.

④ 등식의 양변을 같은 수로 나누어도 등식은 성립한다.

➡ $a = b$이면 $a \div c = b \div c$이다. (단, $c \neq 0$)

NOTE

(2) 방정식
  ① 방정식은 미지수(x, y, …)를 포함한 식이다.
    예 $x+10=12$
  ② 등식의 성질을 이용하여 방정식을 푼다.
    예 $x+10-10=12-10$, $x=2$
(3) 이항
  이항으로 수를 반대편 변으로 옮길 때 더하기는 빼기로, 빼기는 더하기로, 곱하기는 나누기로, 나누기는 곱하기로 바꾼다.
  예 $5x+5=20$
    $5x=20-5$ ⟩ $+5$를 우변으로 이항하면 -5가 된다.
    $5x=15$
    $x=15\div 5$ ⟩ $\times 5$를 우변으로 이항하면 $\div 5$가 된다.
    $x=3$

3. 유리수의 계산

(1) 절댓값
  $(+)$, $(-)$ 부호를 무시하고 수의 크기만 의미한다.
  예 $|-5|=5$, $|+7|=7$, $|3-5|=|-2|=2$
(2) 유리수의 계산
  ① 유리수의 덧셈
    ㉠ 양수끼리의 덧셈
      예 $\dfrac{2}{3}+\dfrac{3}{4}=\dfrac{2\times 4}{3\times 4}+\dfrac{3\times 3}{4\times 3}=\dfrac{8}{12}+\dfrac{9}{12}=\dfrac{8+9}{12}=\dfrac{17}{12}$
    ㉡ 음수끼리의 덧셈
      예 $\left(-\dfrac{1}{2}\right)+\left(-\dfrac{1}{3}\right)=\left(-\dfrac{1\times 3}{2\times 3}\right)+\left(-\dfrac{1\times 2}{3\times 2}\right)=\left(-\dfrac{3}{6}\right)+\left(-\dfrac{2}{6}\right)=\dfrac{(-3)+(-2)}{6}=-\dfrac{5}{6}$
    ㉢ 양수와 음수의 덧셈
      예 $\dfrac{1}{2}+\left(-\dfrac{3}{4}\right)=\dfrac{1\times 2}{2\times 2}+\left(-\dfrac{3}{4}\right)=\dfrac{2}{4}+\left(-\dfrac{3}{4}\right)=\dfrac{2+(-3)}{4}=-\dfrac{1}{4}$

NOTE

② 유리수의 뺄셈
　㉠ 양수끼리의 뺄셈
　　예) $\dfrac{2}{3}-\dfrac{3}{4}=\dfrac{2\times 4}{3\times 4}-\dfrac{3\times 3}{4\times 3}=\dfrac{8}{12}-\dfrac{9}{12}=\dfrac{8-9}{12}=-\dfrac{1}{12}$
　㉡ 음수끼리의 뺄셈
　　예) $\left(-\dfrac{1}{2}\right)-\left(-\dfrac{1}{3}\right)=\left(-\dfrac{1\times 3}{2\times 3}\right)-\left(-\dfrac{1\times 2}{3\times 2}\right)=\left(-\dfrac{3}{6}\right)-\left(-\dfrac{2}{6}\right)$
　　　　$=\dfrac{(-3)-(-2)}{6}=\dfrac{-3+2}{6}=-\dfrac{1}{6}$
　㉢ 양수와 음수의 뺄셈
　　예) $\dfrac{1}{2}-\left(-\dfrac{3}{4}\right)=\dfrac{1\times 2}{2\times 2}-\left(-\dfrac{3}{4}\right)=\dfrac{2}{4}-\left(-\dfrac{3}{4}\right)=\dfrac{2-(-3)}{4}=\dfrac{5}{4}$

③ 유리수의 곱셈
　부호에 따라 다음과 같이 결과값의 부호를 결정할 수 있다.
　㉠ $(+)\times(+)=(+)$　　　　　　　　㉡ $(-)\times(-)=(+)$
　㉢ $(+)\times(-)=(-)$　　　　　　　　㉣ $(-)\times(+)=(-)$
　　예) $\left(-\dfrac{4}{3}\times\dfrac{2}{5}\right)\times\left\{\left(-\dfrac{1}{3}\right)\times\left(-\dfrac{3}{2}\right)\right\}=\left(-\dfrac{4\times 2}{3\times 5}\right)\times\left(+\dfrac{1\times 3}{3\times 2}\right)$
　　　　　　　　$=\left(-\dfrac{8}{15}\right)\times\left(+\dfrac{3}{6}\right)=-\dfrac{8\times 3}{15\times 6}=-\dfrac{24}{90}=-\dfrac{4}{15}$

④ 유리수의 나눗셈
　나누는 수를 역수로 바꾸어 곱한다.
　　예) $\dfrac{2}{3}\div\left(-\dfrac{2}{5}\right)=\dfrac{2}{3}\times\left(-\dfrac{5}{2}\right)=-\dfrac{2\times 5}{3\times 2}=-\dfrac{10}{6}=-\dfrac{5}{3}$
　　　　$(-3)\div(-5)=(-3)\times\left(-\dfrac{1}{5}\right)=+\dfrac{3}{5}$

⑤ 유리수의 혼합 계산
　　예) $5+\left(-\dfrac{3}{4}\right)\div\dfrac{9}{8}+4\times\left(-\dfrac{3}{2}\right)$
　　　$=5+\left(-\dfrac{3}{4}\right)\times\dfrac{8}{9}+4\times\left(-\dfrac{3}{2}\right)=5+\left(-\dfrac{2}{3}\right)+4\times\left(-\dfrac{3}{2}\right)$
　　　$=5+\left(-\dfrac{2}{3}\right)+(-6)=\dfrac{5\times 3}{3}+\left(-\dfrac{2}{3}\right)+(-6)=\dfrac{15-2}{3}+(-6)$
　　　$=\dfrac{13}{3}+(-6)=\dfrac{13}{3}+\dfrac{(-6)\times 3}{3}=\dfrac{13-18}{3}=-\dfrac{5}{3}$

NOTE

찐수포자를 위한 비밀수첩 2 — 연산편

1. 번분수

분수에서 분모와 분자 중 하나 이상이 분수인 복잡한 형태의 분수

$$\dfrac{\dfrac{a}{b}}{\dfrac{c}{d}}=\dfrac{a}{b}\div\dfrac{c}{d}=\dfrac{a}{b}\times\dfrac{d}{c}=\dfrac{ad}{bc} \ (\text{단, } bcd\neq 0)$$

예) $\dfrac{\dfrac{x-5}{3}}{\dfrac{x+1}{6}}=\dfrac{x-5}{3}\div\dfrac{x+1}{6}=\dfrac{x-5}{3}\times\dfrac{6}{x+1}=\dfrac{6(x-5)}{3(x+1)}=\dfrac{2(x-5)}{x+1}=\dfrac{2x-10}{x+1}$ (단, $x\neq -1$)

2. 무리식 (단, $a>0$, $b>0$)

(1) 기본 공식

① $\sqrt{a}\sqrt{b}=\sqrt{ab},\ \sqrt{a^2 b}=a\sqrt{b}$ 예) $\sqrt{2}\sqrt{3}=\sqrt{2\times 3}=\sqrt{6},\ \sqrt{50}=\sqrt{5^2\times 2}=5\sqrt{2}$

② $\dfrac{\sqrt{a}}{\sqrt{b}}=\sqrt{\dfrac{a}{b}},\ \sqrt{\dfrac{a}{b^2}}=\dfrac{\sqrt{a}}{b}$ 예) $\dfrac{\sqrt{2}}{\sqrt{3}}=\sqrt{\dfrac{2}{3}},\ \sqrt{\dfrac{3}{4}}=\sqrt{\dfrac{3}{2^2}}=\dfrac{\sqrt{3}}{2}$

(2) 분모의 유리화

① $\dfrac{a}{\sqrt{b}}=\dfrac{a\sqrt{b}}{\sqrt{b}\sqrt{b}}=\dfrac{a\sqrt{b}}{b}$ 예) $\dfrac{2}{\sqrt{3}}=\dfrac{2\sqrt{3}}{\sqrt{3}\sqrt{3}}=\dfrac{2\sqrt{3}}{3}$

② $\dfrac{c}{\sqrt{a}+\sqrt{b}}=\dfrac{c(\sqrt{a}-\sqrt{b})}{(\sqrt{a}+\sqrt{b})(\sqrt{a}-\sqrt{b})}=\dfrac{c(\sqrt{a}-\sqrt{b})}{a-b}$ (단, $a\neq b$)

예) $\dfrac{5}{\sqrt{3}+\sqrt{2}}=\dfrac{5(\sqrt{3}-\sqrt{2})}{(\sqrt{3}+\sqrt{2})(\sqrt{3}-\sqrt{2})}=\dfrac{5(\sqrt{3}-\sqrt{2})}{3-2}=5(\sqrt{3}-\sqrt{2})$

③ $\dfrac{c}{\sqrt{a}-\sqrt{b}}=\dfrac{c(\sqrt{a}+\sqrt{b})}{(\sqrt{a}-\sqrt{b})(\sqrt{a}+\sqrt{b})}=\dfrac{c(\sqrt{a}+\sqrt{b})}{a-b}$ (단, $a\neq b$)

예) $\dfrac{5}{\sqrt{5}-\sqrt{3}}=\dfrac{5(\sqrt{5}+\sqrt{3})}{(\sqrt{5}-\sqrt{3})(\sqrt{5}+\sqrt{3})}=\dfrac{5(\sqrt{5}+\sqrt{3})}{5-3}=\dfrac{5}{2}(\sqrt{5}+\sqrt{3})$

NOTE

3. 지수와 로그

(1) 지수

① 지수 법칙 (단, $a \neq 0$, $b \neq 0$, m, n은 정수)

㉠ $a^m a^n = a^{m+n}$　예) $7^2 \times 7^3 = 7^{2+3} = 7^5$

㉡ $(a^m)^n = a^{mn}$　예) $(3^2)^5 = 3^{2 \times 5} = 3^{10}$

㉢ $(ab)^n = a^n b^n$　예) $(2 \times 3)^5 = 2^5 \times 3^5$

㉣ $\left(\dfrac{a}{b}\right)^n = \dfrac{a^n}{b^n}$　예) $\left(\dfrac{2}{3}\right)^7 = \dfrac{2^7}{3^7}$

㉤ $a^m \div a^n = \begin{cases} a^{m-n} & (m > n) \\ 1 & (m = n) \\ \dfrac{1}{a^{n-m}} & (m < n) \end{cases}$

　예) $a^5 \div a^2 = a^{5-2} = a^3$
　예) $a^4 \div a^4 = 1$
　예) $a^3 \div a^5 = \dfrac{1}{a^{5-3}} = \dfrac{1}{a^2} \, (= a^{-2})$

② 거듭제곱근의 성질 (단, $a > 0$, $b > 0$, m, n은 2 이상의 정수)

㉠ $\sqrt[n]{a} \, \sqrt[n]{b} = \sqrt[n]{ab}$　예) $\sqrt[3]{2} \, \sqrt[3]{5} = \sqrt[3]{10}$

㉡ $\dfrac{\sqrt[n]{a}}{\sqrt[n]{b}} = \sqrt[n]{\dfrac{a}{b}}$　예) $\dfrac{\sqrt[3]{2}}{\sqrt[3]{5}} = \sqrt[3]{\dfrac{2}{5}}$

㉢ $(\sqrt[n]{a})^m = \sqrt[n]{a^m}$　예) $(\sqrt[3]{2})^5 = \sqrt[3]{2^5}$

㉣ $\sqrt[m]{\sqrt[n]{a}} = \sqrt[mn]{a}$　예) $\sqrt[3]{\sqrt[2]{5}} = \sqrt[6]{5}$

㉤ $\sqrt[np]{a^{mp}} = \sqrt[n]{a^m}$ (단, p는 양의 정수)　예) $\sqrt[2 \times 3]{a^{5 \times 3}} = \sqrt[2]{a^5}$

(2) 로그

① 로그의 정의

$a > 0$, $a \neq 1$, $N > 0$일 때, $a^x = N$을 만족하는 x에 대하여 $x = \log_a N$으로 표현한다. 이때 x는 a를 밑으로 하는 N의 로그라 하고, N을 $\log_a N$의 진수라 한다.

② 기본 성질 ($a > 0$, $a \neq 1$, $x > 0$, $y > 0$일 때)

㉠ $\log_a 1 = 0$, $\log_a a = 1$　예) $\log_{10} 1 = 0$, $\log_2 2 = 1$

㉡ $\log_a xy = \log_a x + \log_a y$　예) $\log_{10} 6 = \log_{10}(2 \times 3) = \log_{10} 2 + \log_{10} 3$

㉢ $\log_a \dfrac{x}{y} = \log_a x - \log_a y$　예) $\log_2 \dfrac{3}{5} = \log_2 3 - \log_2 5$

㉣ $\log_a x^n = n \log_a x$ (단, n은 실수)　예) $\log_{10} x^7 = 7 \log_{10} x$

NOTE

③ 밑의 변환 공식 ($a>0$, $a\neq 1$, $b>0$일 때)

  ㉠ $\log_a b = \dfrac{\log_c b}{\log_c a}$ (단, $c>0$, $c\neq 1$)   예) $\log_{10} 5 = \dfrac{\log_2 5}{\log_2 10}$

  ㉡ $\log_a b = \dfrac{1}{\log_b a}$ (단, $b\neq 1$)   예) $\log_3 2 = \dfrac{1}{\log_2 3}$

④ 기타 로그

  ㉠ 상용로그는 $\log_{10} a$와 같이 밑이 10인 로그이다. 밑을 생략하여 $\log a$와 같이 표현하기도 한다.

  ㉡ 자연로그는 $\log_e a$와 같이 밑이 e인 로그이다. 주로 $\ln a$로 표현한다.

NOTE

비밀수첩 3 함수편

1. 좌표

(1) 수직선 위의 점의 좌표

점 P의 좌표가 a일 때, 기호 P(a)로 나타낸다.

예 아래 수직선의 점 A와 점 B를 기호로 나타내면 A(-3), B(1)이다.

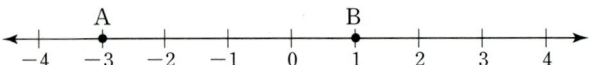

(2) 좌표평면 위의 점의 좌표

아래와 같은 좌표평면에서 점 P에서 x축, y축에 수직으로 그은 선이 각 축과 만나는 점을 각각 a, b라고 할 때, 점 P는 순서쌍 (a, b)로 나타낼 수 있다. 이때 a를 x좌표, b를 y좌표라 한다.

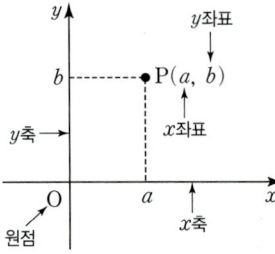

예 아래와 같은 좌표평면 상에서 점 A~E의 좌표를 다음과 같이 나타낼 수 있다.

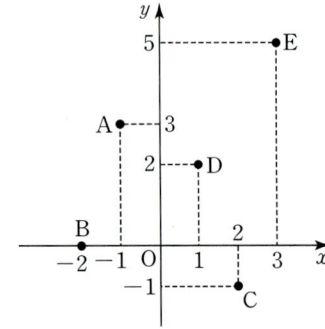

점 A의 좌표 $(-1, 3)$
점 B의 좌표 $(-2, 0)$
점 C의 좌표 $(2, -1)$
점 D의 좌표 $(1, 2)$
점 E의 좌표 $(3, 5)$

NOTE

2. 함수

(1) 함수

① 변수: x, y와 같이 변하는 값을 나타내는 문자

② 상수: 항상 일정한 값을 갖는 수나 문자

③ 함수: 두 변수 x, y에 대하여 x의 값이 하나 정해지면 y의 값이 오직 하나씩 정해지는 대응 관계일 때, y는 x의 함수라 한다.

(2) 함숫값

함수 $y=f(x)$에서 x의 값에 따라 정해지는 y의 값을 함숫값이라 하고, $x=a$일 때 함숫값을 기호로 $f(a)$와 같이 나타낸다.

예) 함수 $y=-5x+1$에서 $x=3$일 때 함숫값을 구하면
$y=-5x+1=-5\times 3+1=-15+1=-14$

(3) 정비례 관계

x가 2배, 3배, 4배, ⋯, n배가 되면 y도 2배, 3배, 4배, ⋯, n배가 된다.

예) x는 총 자동차 수, y는 총 자동차 바퀴 수의 합: $y=4x$

x[대]	1	2	3	4	n
y[개]	4	8	12	16	$4n$

(4) 반비례 관계

x가 2배, 3배, 4배, ⋯, n배가 되면 y는 $\frac{1}{2}$배, $\frac{1}{3}$배, $\frac{1}{4}$배, ⋯, $\frac{1}{n}$배가 된다.

예) 넓이가 $10[\text{m}^2]$인 직사각형의 가로 x[m], 세로 y[m]: $y=\frac{10}{x}$

x[m]	1	2	3	4	n
y[m]	10	5	$\frac{10}{3}$	$\frac{5}{2}$	$\frac{10}{n}$

NOTE

3. 삼각함수

(1) 피타고라스 정리

① 직각삼각형의 직각을 낀 두 변의 길이를 각각 a, b라 하고, 빗변의 길이를 c라 하면 $a^2+b^2=c^2$이 성립한다.

② 직각삼각형에서 각 변의 길이
$a=\sqrt{c^2-b^2}$, $b=\sqrt{c^2-a^2}$, $c=\sqrt{a^2+b^2}$

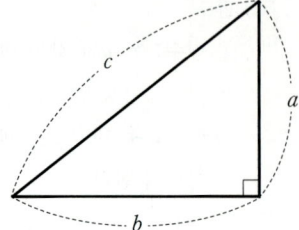

(2) 호도법

① 육십분법과 호도법의 관계

육십분법	0°	30°	45°	60°	90°	135°	180°	270°	360°
호도법	0	$\dfrac{\pi}{6}$	$\dfrac{\pi}{4}$	$\dfrac{\pi}{3}$	$\dfrac{\pi}{2}$	$\dfrac{3}{4}\pi$	π	$\dfrac{3}{2}\pi$	2π

② 육십분법 $x°$를 호도법 $\dfrac{\pi}{180°}\times x°$ ($0\leq x\leq 360$)로 나타낼 수 있다.

(3) 삼각비

① 삼각비의 정의

㉠ $\sin A = \dfrac{\overline{BC}}{\overline{AB}} = \dfrac{(높이)}{(빗변)} = \dfrac{a}{c}$

㉡ $\cos A = \dfrac{\overline{AC}}{\overline{AB}} = \dfrac{(밑변)}{(빗변)} = \dfrac{b}{c}$

㉢ $\tan A = \dfrac{\overline{BC}}{\overline{AC}} = \dfrac{(높이)}{(밑변)} = \dfrac{a}{b}$

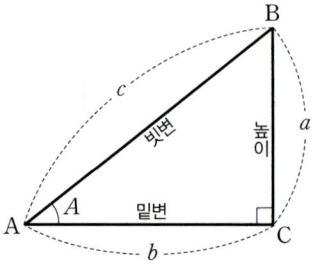

② 특수각의 삼각비

A	0°	30°	45°	60°	90°
$\sin A$	0	$\dfrac{1}{2}$	$\dfrac{\sqrt{2}}{2}=\left(\dfrac{1}{\sqrt{2}}\right)$	$\dfrac{\sqrt{3}}{2}$	1
$\cos A$	1	$\dfrac{\sqrt{3}}{2}$	$\dfrac{\sqrt{2}}{2}=\left(\dfrac{1}{\sqrt{2}}\right)$	$\dfrac{1}{2}$	0
$\tan A$	0	$\dfrac{\sqrt{3}}{3}=\left(\dfrac{1}{\sqrt{3}}\right)$	1	$\sqrt{3}$	∞

NOTE

(4) 삼각함수
  ① sin 함수와 cos 함수 특성과 변환
    ㉠ $\sin(-A) = -\sin A$
    ㉡ $\cos(-A) = \cos A$
    ㉢ $\sin\left(\dfrac{\pi}{2}+A\right) = \cos A$
    ㉣ $\cos\left(\dfrac{\pi}{2}+A\right) = -\sin A$
  ② 자주 쓰이는 공식
    ㉠ $\sin^2 A + \cos^2 A = 1$
    ㉡ $\tan A = \dfrac{\sin A}{\cos A}$
    ㉢ $\sin 2A = 2\sin A \cos A$
    ㉣ $\cos 2A = 1 - 2\sin^2 A = 2\cos^2 A - 1$

NOTE

비밀수첩 4 — 공학용계산기 사용편

※ [공학용계산기 사용편] 본문과 강의에 사용된 계산기 모델은 [CASIO]FX-570ES PLUS이고, 일부 계산기는 지원되지 않는 기능이 있을 수 있으며 제시된 입력 순서 외의 방법이 있을 수 있습니다.

1. 괄호 계산

(1) $3(2+5)$

입력 순서: $\boxed{3} > \boxed{(} > \boxed{2} > \boxed{+} > \boxed{5} > \boxed{)} > \boxed{=}$

답 21

(2) $3(2+5)(4-2)$

입력 순서: $\boxed{3} > \boxed{(} > \boxed{2} > \boxed{+} > \boxed{5} > \boxed{)} > \boxed{(} > \boxed{4} > \boxed{-} > \boxed{2} > \boxed{)} > \boxed{=}$

답 42

2. 분수 계산

(1) $\dfrac{1}{3}+\dfrac{1}{2}$

입력 순서: $\boxed{\frac{\blacksquare}{\square}} > \boxed{1} > \boxed{\blacktriangledown} > \boxed{3} > \boxed{\blacktriangleright} > \boxed{+} > \boxed{\frac{\blacksquare}{\square}} > \boxed{1} > \boxed{\blacktriangledown} > \boxed{2} > \boxed{=}$

답 $\dfrac{5}{6}$

(2) $\dfrac{1}{3 \times \dfrac{2}{3}}+\dfrac{1}{2}$

입력 순서: $\boxed{\frac{\blacksquare}{\square}} > \boxed{1} > \boxed{\blacktriangledown} > \boxed{3} > \boxed{\times} > \boxed{\frac{\blacksquare}{\square}} > \boxed{2} > \boxed{\blacktriangledown} > \boxed{3} >$

$\boxed{\blacktriangleright} > \boxed{\blacktriangleright} > \boxed{+} > \boxed{\frac{\blacksquare}{\square}} > \boxed{1} > \boxed{\blacktriangledown} > \boxed{2} > \boxed{=}$

답 1

NOTE

3. 지수 계산

(1) 2^2+3^2

입력 순서: $\boxed{2}>\boxed{x^2}>\boxed{+}>\boxed{3}>\boxed{x^2}>\boxed{=}$

답 13

(2) $(2^2+3^4)^2$

입력 순서: $\boxed{(}>\boxed{2}>\boxed{x^2}>\boxed{+}>\boxed{3}>\boxed{x^\blacksquare}>\boxed{4}>\boxed{\blacktriangleright}>\boxed{)}>\boxed{x^2}>\boxed{=}$

답 7,225

4. 루트 계산

(1) $\sqrt{2}+\sqrt{3}$

입력 순서: $\boxed{\sqrt{\blacksquare}}>\boxed{2}>\boxed{\blacktriangleright}>\boxed{+}>\boxed{\sqrt{\blacksquare}}>\boxed{3}>\boxed{=}>\boxed{S \Leftrightarrow D}$

답 3.14626437

(2) $\sqrt{2^2+3^2}$

입력 순서: $\boxed{\sqrt{\blacksquare}}>\boxed{2}>\boxed{x^2}>\boxed{+}>\boxed{3}>\boxed{x^2}>\boxed{=}$

답 $\sqrt{13}$

5. 삼각함수 계산

(1) $\sin 30°+\cos 30°$

입력 순서: $\boxed{\sin}>\boxed{3}>\boxed{0}>\boxed{)}>\boxed{+}>\boxed{\cos}>\boxed{3}>\boxed{0}>\boxed{)}>\boxed{=}$

답 $\dfrac{1+\sqrt{3}}{2}$

(2) $2\cos 60° \sin 60°$

입력 순서: $\boxed{2}>\boxed{\cos}>\boxed{6}>\boxed{0}>\boxed{)}>\boxed{\sin}>\boxed{6}>\boxed{0}>\boxed{)}>\boxed{=}$

답 $\dfrac{\sqrt{3}}{2}$

(3) $\sin^2 30°+\cos^3 30°$

입력 순서: $\boxed{\sin}>\boxed{3}>\boxed{0}>\boxed{)}>\boxed{x^2}>\boxed{+}>\boxed{\cos}>\boxed{3}>\boxed{0}>\boxed{)}>\boxed{x^\blacksquare}>\boxed{3}>\boxed{=}$

답 $\dfrac{2+3\sqrt{3}}{8}$

NOTE

6. 로그함수 계산

(1) $\log(3 \times 9) + \log 10^2$

입력 순서: $\boxed{\log} > \boxed{3} > \boxed{\times} > \boxed{9} > \boxed{)} > \boxed{+} > \boxed{\log} > \boxed{1} > \boxed{0} >$
$\boxed{x^2} > \boxed{)} > \boxed{=}$

답 3.431363764

(2) $\ln e + \ln e^2$

입력 순서: $\boxed{\ln} > \boxed{\text{SHIFT}} > \boxed{\ln} > \boxed{1} > \boxed{\blacktriangleright} > \boxed{)} > \boxed{+} > \boxed{\ln} > \boxed{\text{SHIFT}} >$
$\boxed{\ln} > \boxed{2} > \boxed{\blacktriangleright} > \boxed{)} > \boxed{=}$

답 3

(3) $\log(1+99) \times \ln^3 10$

입력 순서: $\boxed{\log} > \boxed{1} > \boxed{+} > \boxed{9} > \boxed{9} > \boxed{)} > \boxed{\times} >$
$\boxed{\ln} > \boxed{1} > \boxed{0} > \boxed{)} > \boxed{x^\blacksquare} > \boxed{3} > \boxed{=}$

답 24.41614311

7. 복소수 계산

(1) $i \times 2$

입력 순서: $\boxed{\text{MODE}} > \boxed{2} > \boxed{\text{ENG}} > \boxed{\times} > \boxed{2} > \boxed{=}$

답 $2i$

(2) $(2+i)^4$

입력 순서: $\boxed{\text{MODE}} > \boxed{2} > \boxed{(} > \boxed{2} > \boxed{+} > \boxed{\text{ENG}} > \boxed{)} > \boxed{x^2} >$
$\boxed{(} > \boxed{2} > \boxed{+} > \boxed{\text{ENG}} > \boxed{)} > \boxed{x^2} > \boxed{=}$

답 $-7+24i$

(3) $(5+3i) \times (4-2i)$

입력 순서: $\boxed{\text{MODE}} > \boxed{2} > \boxed{(} > \boxed{5} > \boxed{+} > \boxed{3} > \boxed{\text{ENG}} > \boxed{)} > \boxed{\times} >$
$\boxed{(} > \boxed{4} > \boxed{-} > \boxed{2} > \boxed{\text{ENG}} > \boxed{)} > \boxed{=}$

답 $26+2i$

NOTE

8. 특수 기호

(1) 진공 유전율 ε_0

입력 순서: $\boxed{\text{SHIFT}} > \boxed{7} > \boxed{3} > \boxed{2}$

예) $\dfrac{1}{4\pi\varepsilon_0} \times \dfrac{3 \times 1}{2^2}$

입력 순서: $\boxed{\frac{\blacksquare}{\square}} > \boxed{1} > \boxed{\blacktriangledown} > \boxed{4} > \boxed{\text{SHIFT}} > \boxed{\times 10^x} > \boxed{\text{SHIFT}} >$
$\boxed{7} > \boxed{3} > \boxed{2} > \boxed{\blacktriangleright} > \boxed{\times} > \boxed{\frac{\blacksquare}{\square}} > \boxed{3} > \boxed{\times} > \boxed{1} >$
$\boxed{\blacktriangledown} > \boxed{2} > \boxed{x^2} > \boxed{=}$

답 6,740,663,841

(2) 진공 투자율 μ_0

입력 순서: $\boxed{\text{SHIFT}} > \boxed{7} > \boxed{3} > \boxed{3}$

예) $\dfrac{1}{4\pi\mu_0} \times \dfrac{3 \times 1}{2^2}$

입력 순서: $\boxed{\frac{\blacksquare}{\square}} > \boxed{1} > \boxed{\blacktriangledown} > \boxed{4} > \boxed{\text{SHIFT}} > \boxed{\times 10^x} > \boxed{\text{SHIFT}} >$
$\boxed{7} > \boxed{3} > \boxed{3} > \boxed{\blacktriangleright} > \boxed{\times} > \boxed{\frac{\blacksquare}{\square}} > \boxed{3} > \boxed{\times} > \boxed{1} >$
$\boxed{\blacktriangledown} > \boxed{2} > \boxed{x^2} > \boxed{=}$

답 47,494.30483

NOTE

PART 01
기초수학

수포자들의 반격이 시작된다!

STEP	CHAPTER	
왕초보	01. 분수	36
	02. 어림하기	40
	03. 문자와 식	44
	04. 방정식	48
	05. 함수	52
초보	06. 지수와 제곱근	56
	07. 곱셈공식과 인수분해	60
	08. 부등식	65
	09. 삼각비	68
중수	10. 삼각함수	71
	11. 복소수	74
	12. 행렬	79
	13. 로그	86
고수	14. 극한	89
	15. 미분	92
	16. 적분	96
	17. 라플라스 변환	100

CHAPTER 01 분수

1. 분수

분수란 전체에 대한 부분을 나타내는 것으로 $\dfrac{분자}{분모}$ 형태의 수를 의미한다. 다른 표현으로는 다음과 같이 나타낼 수 있다.

$$\dfrac{분자}{분모} = 분자 \div 분모 = 분자 \times \dfrac{1}{분모} \ (단, \ 분모 \neq 0)$$

> **계산기 TIP**
> **CASIO, UNIONE**
> 분수 표시는 $\boxed{\tfrac{\blacksquare}{\square}}$ 버튼을 이용하여 입력할 수 있다.
> $\dfrac{3}{5}$ ➡ $\boxed{\tfrac{\blacksquare}{\square}}$ $\boxed{3}$ $\boxed{\blacktriangledown}$ $\boxed{5}$

> **계산기 TIP**
> **SHARP**
> 분수 표시는 $\boxed{a^b/_c}$ 버튼을 이용하여 입력할 수 있다.
> $\dfrac{3}{5}$ ➡ $\boxed{3}$ $\boxed{a^b/_c}$ $\boxed{5}$

2. 분수의 사칙연산

(1) 합(+)

① 분모가 같을 때: $\dfrac{b}{a} + \dfrac{c}{a} = \dfrac{b+c}{a}$ (단, $a \neq 0$)

② 분모가 다를 때: $\dfrac{b}{a} + \dfrac{d}{c} = \dfrac{bc}{ac} + \dfrac{da}{ca} = \dfrac{bc+ad}{ac}$ (단, $ac \neq 0$)

③ 정수와 분수의 합을 구할 때: $a + \dfrac{c}{b} = \dfrac{ab}{b} + \dfrac{c}{b} = \dfrac{ab+c}{b}$ (단, $b \neq 0$)

(2) 차(−)

① 분모가 같을 때: $\dfrac{b}{a} - \dfrac{c}{a} = \dfrac{b-c}{a}$ (단, $a \neq 0$)

② 분모가 다를 때: $\dfrac{b}{a} - \dfrac{d}{c} = \dfrac{bc}{ac} - \dfrac{da}{ca} = \dfrac{bc-ad}{ac}$ (단, $ac \neq 0$)

③ 정수와 분수의 차를 구할 때: $a - \dfrac{c}{b} = \dfrac{ab}{b} - \dfrac{c}{b} = \dfrac{ab-c}{b}$ (단, $b \neq 0$)

NOTE

(3) 곱($\times$)

분모는 분모끼리, 분자는 분자끼리 각각 곱한다.

$$\frac{b}{a} \times \frac{d}{c} = \frac{bd}{ac}, \quad a \times \frac{b}{c} = \frac{ab}{c} \text{ (단, } ac \neq 0\text{)}$$

→ 정수 a는 $\frac{a}{1}$와 같이 나타낼 수 있습니다.

(4) 나누기($\div$)

나누기는 곱하기로 바꾸어 계산한다.

$$\frac{b}{a} \div \frac{d}{c} = \frac{b}{a} \times \frac{c}{d} = \frac{bc}{ad}, \quad a \div \frac{c}{b} = a \times \frac{b}{c} = \frac{ab}{c} \text{ (단, } abcd \neq 0\text{)}$$

🔍 더 알아보기 번분수

번분수란 분모와 분자 중 하나 이상이 분수 꼴인 복잡한 분수를 말한다.
(분모의 분모)×(분자의 분자)의 값을 분자에, (분모의 분자)×(분자의 분모)의 값을 분모에 적어 간단한 분수로 나타낼 수 있다.

$$\frac{b}{a} \div \frac{d}{c} = \frac{\frac{b}{a}}{\frac{d}{c}} = \frac{bc}{ad}$$

계산기 TIP CASIO, UNIONE

$\frac{3}{4} + \frac{2}{9}$ → [▪/□] 3 [▼] 4 [▶] + [▪/□] 2 [▼] 9 [=] → $\frac{35}{36}$

계산기 TIP SHARP

$\frac{3}{4} + \frac{2}{9}$ → 3 [a^b/c] 4 [+] 2 [a^b/c] 9 [=] → 35 ⌐ 36 → $\frac{35}{36}$

예제 1 다음을 계산하시오.

(1) $\frac{2}{5} + \frac{3}{7}$ (2) $\frac{5}{8} - \frac{1}{3}$ (3) $\frac{3}{8} \times \frac{2}{9}$ (4) $\frac{7}{10} \div \frac{5}{6}$

풀이 (1) $\frac{2}{5} + \frac{3}{7} = \frac{2 \times 7}{5 \times 7} + \frac{3 \times 5}{7 \times 5} = \frac{14+15}{35} = \frac{29}{35}$ (2) $\frac{5}{8} - \frac{1}{3} = \frac{5 \times 3}{8 \times 3} - \frac{1 \times 8}{3 \times 8} = \frac{15-8}{24} = \frac{7}{24}$

(3) $\frac{3}{8} \times \frac{2}{9} = \frac{3 \times 2}{8 \times 9} = \frac{6}{72} = \frac{1}{12}$ (4) $\frac{7}{10} \div \frac{5}{6} = \frac{7}{10} \times \frac{6}{5} = \frac{7 \times 6}{10 \times 5} = \frac{42}{50} = \frac{21}{25}$

3. 기약분수

분모와 분자를 0이 아닌 같은 수로 똑같이 나누어도 분수의 크기는 바뀌지 않는다. 이때 더 이상 0과 1이 아닌 같은 수로 똑같이 나눌 수 없는 분수를 기약분수라고 한다. 분수의 계산에서 답을 구할 때 기약분수로 적는 것이 좋다.

NOTE

실력 UP 문제

※ 다음을 계산하시오. (01~05)

01 $\dfrac{1}{3}+\dfrac{1}{2}$

02 $\dfrac{3}{4}-\dfrac{2}{6}$

03 $\dfrac{7}{5}\times\dfrac{4}{6}$

04 $\dfrac{6}{7}\div\dfrac{12}{14}$

05 $\dfrac{6}{24}+\dfrac{7}{28}-\dfrac{5}{25}$

정답 및 풀이

01 $\dfrac{1}{3}+\dfrac{1}{2}=\dfrac{1\times 2}{3\times 2}+\dfrac{1\times 3}{2\times 3}=\dfrac{2+3}{6}=\dfrac{5}{6}$

02 분수의 계산에서 각 분수를 기약분수로 나타낸 후 계산하면 편리하다.

$\dfrac{2}{6}$를 기약분수로 나타내면 $\dfrac{2}{6}=\dfrac{2\div 2}{6\div 2}=\dfrac{1}{3}$

$\dfrac{3}{4}-\dfrac{2}{6}=\dfrac{3}{4}-\dfrac{1}{3}=\dfrac{3\times 3}{4\times 3}-\dfrac{1\times 4}{3\times 4}=\dfrac{9-4}{12}=\dfrac{5}{12}$

03 $\dfrac{4}{6}$를 기약분수로 나타내면 $\dfrac{4}{6}=\dfrac{4\div 2}{6\div 2}=\dfrac{2}{3}$

$\dfrac{7}{5}\times\dfrac{4}{6}=\dfrac{7}{5}\times\dfrac{2}{3}=\dfrac{7\times 2}{5\times 3}=\dfrac{14}{15}$

04 $\dfrac{12}{14}$를 기약분수로 나타내면 $\dfrac{12}{14}=\dfrac{12\div 2}{14\div 2}=\dfrac{6}{7}$

$\dfrac{6}{7}\div\dfrac{12}{14}=\dfrac{6}{7}\div\dfrac{6}{7}=1$

05 $\dfrac{6}{24}$을 기약분수로 나타내면 $\dfrac{6}{24}=\dfrac{6\div 6}{24\div 6}=\dfrac{1}{4}$,

$\dfrac{7}{28}$을 기약분수로 나타내면 $\dfrac{7}{28}=\dfrac{7\div 7}{28\div 7}=\dfrac{1}{4}$,

$\dfrac{5}{25}$를 기약분수로 나타내면 $\dfrac{5}{25}=\dfrac{5\div 5}{25\div 5}=\dfrac{1}{5}$

$\dfrac{6}{24}+\dfrac{7}{28}-\dfrac{5}{25}=\dfrac{1}{4}+\dfrac{1}{4}-\dfrac{1}{5}=\dfrac{2}{4}-\dfrac{1}{5}$

$=\dfrac{1}{2}-\dfrac{1}{5}=\dfrac{1\times 5}{2\times 5}-\dfrac{1\times 2}{5\times 2}$

$=\dfrac{5-2}{10}=\dfrac{3}{10}$

실력 UP 문제

※ 다음 번분수를 간단히 나타내시오. (06~07)

06 $\dfrac{\frac{5}{20}}{\frac{6}{10}}$

07 $\dfrac{\frac{7}{14}}{\frac{5}{12}}$

08 $\dfrac{32}{7} \div \dfrac{8}{63}$ 을 두 가지 방법으로 계산하시오.

전기기능사 기출 미리보기

09 4[Ω], 6[Ω], 8[Ω]의 3개 저항을 병렬 접속할 때 합성저항은 약 몇 [Ω]인가?

공식 | $R = \dfrac{1}{\dfrac{1}{R_1} + \dfrac{1}{R_2} + \cdots + \dfrac{1}{R_n}}$

(R: 병렬연결 시 합성저항[Ω], R_n: 저항[Ω])

정답 및 풀이

06 $\dfrac{\frac{5}{20}}{\frac{6}{10}} = \dfrac{5 \times 10}{20 \times 6} = \dfrac{50}{120} = \dfrac{5}{12}$

07 $\dfrac{\frac{7}{14}}{\frac{5}{12}} = \dfrac{7 \times 12}{14 \times 5} = \dfrac{84}{70} = \dfrac{6}{5}$

08 (1) 나누기를 곱하기로 바꾸어 계산하기

$\dfrac{32}{7} \div \dfrac{8}{63} = \dfrac{32}{7} \times \dfrac{63}{8} = \dfrac{32 \times 63}{7 \times 8} = 36$

(2) 번분수로 만든 후 계산하기

$\dfrac{32}{7} \div \dfrac{8}{63} = \dfrac{\frac{32}{7}}{\frac{8}{63}} = \dfrac{32 \times 63}{7 \times 8} = 36$

09 $R = \dfrac{1}{\dfrac{1}{4} + \dfrac{1}{6} + \dfrac{1}{8}} = \dfrac{1}{\dfrac{1 \times 6}{4 \times 6} + \dfrac{1 \times 4}{6 \times 4} + \dfrac{1}{8}} = \dfrac{1}{\dfrac{10}{24} + \dfrac{1}{8}}$

$= \dfrac{1}{\dfrac{5}{12} + \dfrac{1}{8}} = \dfrac{1}{\dfrac{5 \times 8}{12 \times 8} + \dfrac{1 \times 12}{8 \times 12}} = \dfrac{1}{\dfrac{52}{96}} = \dfrac{96}{52}$

$= \dfrac{24}{13}[Ω]$

CHAPTER 02 어림하기

1. 이상과 이하

(1) 이상

5, 6, 7, …과 같이 5보다 크거나 같은 수를 5 이상인 수라고 한다.

(2) 이하

12, 11, 10, …과 같이 12보다 작거나 같은 수를 12 이하인 수라고 한다.

2. 초과와 미만

(1) 초과

16, 17, 18, …과 같이 15보다 큰 수를 15 초과인 수라고 한다.

(2) 미만

20, 19, 18, …과 같이 21보다 작은 수를 21 미만인 수라고 한다.

3. 수의 범위를 수직선에 나타내기

이상과 이하는 ●, 초과와 미만은 ○를 이용하여 나타낸다.

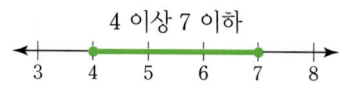

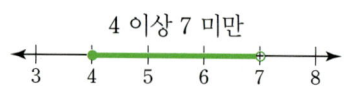

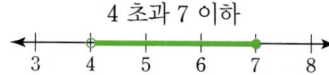

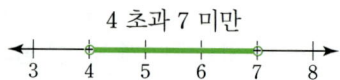

> NOTE

4. 어림하기

(1) 올림

구하려는 자리의 아랫자리 숫자를 올려서 어림하는 방법이다.

(2) 버림

구하려는 자리의 아랫자리 숫자를 버려서 어림하는 방법이다.

(3) 반올림

구하려는 자리의 아랫자리 숫자가 4 이하면 버리고, 5 이상이면 올려서 어림하는 방법이다.

예제 1 536을 어림하여 표의 빈칸에 알맞은 수를 써넣으시오.

536	올림	버림	반올림
십의 자리까지	①	③	⑤
백의 자리까지	②	④	⑥

풀이 | ① 536 → 540 (일의 자리 숫자 6을 십의 자리로 올린다.)
② 536 → 600 (십의 자리 숫자 3을 백의 자리로 올린다.)
③ 536 → 530 (일의 자리 숫자 6을 버린다.)
④ 536 → 500 (십의 자리 숫자 3을 버린다.)
⑤ 536 → 540 (일의 자리 숫자 6이 5 이상이므로 십의 자리로 올린다.)
⑥ 536 → 500 (십의 자리 숫자 30이 4 이하이므로 버린다.)

536	올림	버림	반올림
십의 자리까지	540	530	540
백의 자리까지	600	500	500

5. 절댓값

절댓값은 수직선 위에서 0으로부터 얼마나 떨어져 있는지를 나타낸다. 기호는 | |를 사용한다. 아래 수직선에서 2와 −2는 각각 0으로부터 2만큼 떨어져 있으므로 |2|=|−2|=2이다.

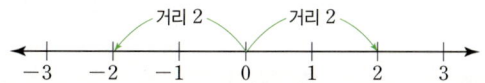

실력 UP 문제

01 38 이상 205 이하의 자연수는 모두 몇 개인지 구하시오.

02 다음 범위 안의 자연수의 개수를 비교하시오.

> ㉠ 18 이상 25 미만
> ㉡ 18 초과 25 이하
> ㉢ 18 이상 25 이하
> ㉣ 18 초과 25 미만

03 38,715를 올림, 버림, 반올림하여 각각 천의 자리까지 나타내시오.

04 2,743을 반올림하여 십의 자리까지, 백의 자리까지, 천의 자리까지 각각 나타내시오.

정답 및 풀이

01 38 이상 205 이하의 자연수는 38, 39, 40, …, 204, 205이다.
38, 39, 40 ➡ 3개
41~50, 51~60, …, 91~100 ➡ 60개
101~200 ➡ 100개
201, 202, 203, 204, 205 ➡ 5개
따라서 구하는 수는 3+60+100+5=168[개]이다.

02 ㉠ 18 이상 25 미만인 수는 18, 19, …, 24의 7개이다.
㉡ 18 초과 25 이하인 수는 19, 20, …, 25의 7개이다.
㉢ 18 이상 25 이하인 수는 18, 19, …, 25의 8개이다.
㉣ 18 초과 25 미만인 수는 19, 20, …, 24의 6개이다.
따라서 네 범위 안의 자연수의 개수를 비교하면
㉣<㉠=㉡<㉢이다.

03 (1) 38,715의 백의 자리 숫자 7을 천의 자리로 올림하여 천의 자리까지 나타내면 39,000
(2) 38,715의 백의 자리 숫자 7을 버림하여 천의 자리까지 나타내면 38,000
(3) 38,715의 백의 자리 숫자는 7이므로 반올림하여 천의 자리까지 나타내면 39,000

04 (1) 2,743의 일의 자리 숫자는 3이므로 반올림하여 십의 자리까지 나타내면 2,740
(2) 2,743의 십의 자리 숫자는 4이므로 반올림하여 백의 자리까지 나타내면 2,700
(3) 2,743의 백의 자리 숫자는 7이므로 반올림하여 천의 자리까지 나타내면 3,000

실력 UP 문제

※ 다음을 구하시오. (05~06)

05 $|-7|$

06 $|3|$

07 17과 절댓값이 같은 수를 구하시오.

08 수직선에서 0으로부터 $\frac{5}{2}$만큼 떨어져 있는 수를 모두 구하시오.

정답 및 풀이

05 $|-7|=7$

06 $|3|=3$

07 절댓값이 17인 두 수는 -17, 17이므로 17과 절댓값이 같은 수는 -17이다.

08 절댓값이 $\frac{5}{2}$인 수는 $-\frac{5}{2}, \frac{5}{2}$이다.

CHAPTER 03 문자와 식

1. 문자를 사용한 식

구체적인 값이 주어지지 않을 때, 문자를 사용하면 수량 사이의 관계를 간단한 식으로 나타낼 수 있다.

(1) 수와 문자, 문자와 문자의 곱에서 '×'는 생략할 수 있다.
(2) 수와 문자의 곱에서 수는 문자 앞에 쓴다.
(3) '1'과 문자의 곱에서 '1'은 생략할 수 있다.
(4) 문자와 문자의 곱에서 보통 알파벳 순서로 쓴다.
(5) 같은 문자의 곱은 거듭제곱의 꼴로 나타낸다.
(6) '÷'를 생략할 때는 분수의 꼴로 나타낸다.

예제 1 다음을 간단히 나타내시오.

(1) $a \times 3 \times 2 \times b \times a \times a \times c$
(2) $x \times x \times y \times x \times y \times 1 \times x$

풀이 | (1) $a \times 3 \times 2 \times b \times a \times a \times c = 3 \times 2 \times a \times a \times a \times b \times c = 6 \times a^3 \times b \times c = 6a^3bc$
(2) $x \times x \times y \times x \times y \times 1 \times x = 1 \times x \times x \times x \times x \times y \times y = 1 \times x^4 \times y^2 = x^4 y^2$

2. 단항식과 다항식

(1) 단항식

단항식은 하나의 항으로 이루어진 식을 말한다.
① 항: 수 또는 문자의 곱으로만 이루어진 식
② 상수항: 문자 없이 수로만 이루어진 항
③ 계수: 문자에 곱해진 수. a는 $1 \times a$이므로 a의 계수는 1이다.
④ 차수: 문자가 곱해진 횟수
⑤ 동류항: 문자와 차수가 같은 항. 동류항끼리 덧셈, 뺄셈이 가능하다.

(2) 다항식

항이 1개 이상인 식을 말하며 단항식을 덧셈과 뺄셈으로 연결한 식이다.

NOTE

3. 단항식과 다항식의 곱셈

(1) 분배법칙

$a \times (b+c) = a \times b + a \times c$

반대로 $a \times b + a \times c = a \times (b+c)$도 성립한다.

(2) 전개

단항식과 다항식의 곱을 하나의 다항식으로 나타내는 것으로, 전개하여 얻은 다항식을 전개식이라고 한다.

> **🔍 더 알아보기** 교환법칙과 결합법칙
>
> (1) 교환법칙
> 덧셈과 곱셈 계산에서 두 수의 순서를 바꾸어 계산해도 계산 결과는 항상 같다.
> $$A+B=B+A, \ A \times B = B \times A$$
>
> (2) 결합법칙
> 세 수 이상의 덧셈과 곱셈 계산에서 앞의 두 수를 먼저 계산하고 나머지 수를 계산한 결과와 뒤의 두 수를 먼저 계산하고 나머지 수를 계산한 결과는 항상 같다.
> $$(A+B)+C = A+(B+C), \ (A \times B) \times C = A \times (B \times C)$$
>
> *뺄셈과 나눗셈 계산에서는 교환법칙과 결합법칙이 성립하지 않습니다.

예제 1 $3x(2a+3b)$를 전개하시오.

풀이 | $3x(2a+3b) = 3x \times 2a + 3x \times 3b = 6ax + 9bx$

예제 2 $2a(3a-b+2)+b(2a+2b-1)$을 전개하시오.

풀이 | $2a(3a-b+2)+b(2a+2b-1)$
$= 2a \times 3a - 2a \times b + 2a \times 2 + b \times 2a + b \times 2b - b \times 1$
$= 6a^2 - 2ab + 4a + 2ab + 2b^2 - b$
$= 6a^2 + 4a + 2b^2 - b$

NOTE

실력 UP 문제

※ 다음을 기호 '×', '÷'를 생략하여 나타내시오. (01~04)

01 $x \times y \times 2 \times x \times y$

02 $(-1) \times x \times y - y \times 3$

03 $x \times y \times y \div (x+2y)$

04 $a \times b \div c + 2 \times b \times c$

05 식 $6a-2b+5$의 a의 계수, b의 계수, 상수항을 각각 구하시오.

06 다음 표의 빈칸에 알맞은 수를 써넣으시오.

식	$6x+7$	$\frac{1}{2}x^2+2x-1$
x의 계수		
상수항		
다항식의 차수		

정답 및 풀이

01 $x \times y \times 2 \times x \times y = 2x^2y^2$

02 $(-1) \times x \times y - y \times 3 = -xy-3y$

03 $x \times y \times y \div (x+2y) = \dfrac{xy^2}{x+2y}$

04 $a \times b \div c + 2 \times b \times c = \dfrac{ab}{c}+2bc$

05 a의 계수: 6
b의 계수: -2
상수항: 5

06

식	$6x+7$	$\frac{1}{2}x^2+2x-1$
x의 계수	6	2
상수항	7	-1
다항식의 차수	1	2

실력 UP 문제

07 다항식 $X=2a^2+3b+1$, $Y=a^2-2b+2$에 대하여 $2X-Y$를 구하시오.

※ 다음을 계산하시오. (08~10)

08 $3(x+1)+5(-2x+3)$

09 $4(-2x+5)-(-3x+2)$

10 $3a(a+3b)-b(2a+b)$

11 다음 계산과정에서 사용된 계산 법칙을 모두 쓰시오.

$$4 \times 13 \times 25 = 13 \times 4 \times 25$$
$$= 13 \times (4 \times 25)$$
$$= 13 \times 100$$
$$= 1,300$$

정답 및 풀이

07 $2X-Y=2(2a^2+3b+1)-(a^2-2b+2)$
$=4a^2+6b+2-a^2+2b-2$
$=3a^2+8b$

08 $3(x+1)+5(-2x+3)$
$=3x+3-10x+15=-7x+18$

09 $4(-2x+5)-(-3x+2)$
$=-8x+20+3x-2=-5x+18$

10 $3a(a+3b)-b(2a+b)$
$=3a^2+9ab-2ab-b^2$
$=3a^2+7ab-b^2$

11 4와 13을 바꾸어 계산해도 계산 결과는 같다.
➡ 교환법칙
뒤의 두 수를 먼저 계산해도 계산 결과는 같다.
➡ 결합법칙

CHAPTER 04 방정식

1. 등식의 성질

등식 $a=b$에 대하여 다음의 성질을 만족한다.
(1) 양변에 같은 수를 더해도 등식은 성립한다. ➡ $a+c=b+c$
(2) 양변에서 같은 수를 빼도 등식은 성립한다. ➡ $a-c=b-c$
(3) 양변에 같은 수를 곱해도 등식은 성립한다. ➡ $a \times c = b \times c$
(4) 양변을 0이 아닌 같은 수로 나누어도 등식은 성립한다. ➡ $a \div c = b \div c$ (단, $c \neq 0$)

2. 이항

등식의 성질을 이용하여 등식의 한 변에 있는 항의 부호를 바꾸어 다른 변으로 옮기는 것을 이항이라고 한다.
(1) $a+m=b$의 양변에서 m을 빼면 $a+m-m=b-m$이다.
　정리하면 $a=b-m$이 되어 m은 좌변에서 우변으로 이항하였고, 부호는 '+'에서 '−'로 바뀌었다.
(2) $a \times m = b$의 양변을 m으로 나누면 $a \times m \div m = b \div m$이다.
　정리하면 $a=b \div m$이 되어 m은 좌변에서 우변으로 이항하였고, 부호는 '×'에서 '÷'로 바뀌었다.
(3) $a-m=b$와 $a \div m = b$도 위와 같은 원리로 이항하면 각각 $a=b+m$, $a=b \times m$이 된다.

3. 일차방정식

(1) 방정식
　방정식은 미지수를 포함하는 등식으로, 미지수의 값에 따라 참 또는 거짓이 되는 식이다. 방정식을 푼다는 것은 방정식이 참이 되게 하는 미지수의 값을 구하는 것이다.
(2) 일차방정식
　방정식의 모든 항을 좌변으로 이항하여 정리하였을 때, (일차식)=0의 꼴로 나타내어지는 방정식을 일차방정식이라고 한다. 일반적으로 $ax+b=0$과 같이 나타내며, 이때 x의 값을 일차방정식의 근 또는 해라고 한다.

NOTE

> **🔍 더 알아보기** **비례식**
>
> 비의 값이 같은 두 비를 등식으로 나타낸 식을 비례식이라고 한다.
> $$a:b=c:d$$
> 비례식에서 외항의 곱은 내항의 곱과 같다. ➡ $a \times d = b \times c$
> 이 성질을 이용하여 구하고자 하는 값을 x로 두고, 비례식을 세워 일차방정식으로 나타낸 뒤 일차방정식을 풀어 x의 값을 구할 수 있다.

예제 1 일차방정식 $4x+7=15$의 근을 구하시오.

> **풀이 |** 두 가지 방법으로 일차방정식의 근을 구할 수 있다.
> (1) 등식의 성질을 이용하여 근을 구하기
> ① 양변에서 7을 뺀다.
> $4x+7-7=15-7$, $4x=8$
> ② 양변을 4로 나눈다.
> $4x \div 4 = 8 \div 4$, $x=2$
> 따라서 일차방정식의 근은 $x=2$이다.
> (2) 이항을 이용하여 근을 구하기
> ① 7을 우변으로 이항한다.
> $4x=15-7$, $4x=8$
> ② 4를 우변으로 이항한다.
> $x=8 \div 4$, $x=2$
> 따라서 일차방정식의 근은 $x=2$이다.

NOTE

실력 UP 문제

※ **다음 일차방정식의 해를 구하시오. (01~04)**

01 $3(x+1)-2(2x-1)=x+3$

02 $\dfrac{x+2}{3}+2x-1=\dfrac{3x-4}{2}$

03 $2(3x+2)-x+7=3(x-3)+6$

04 $4(x+1)+\dfrac{x+3}{2}=\dfrac{3x-1}{4}+2(2x+3)$

정답 및 풀이

01 $3x+3-4x+2=x+3$
x항은 좌변으로, 상수항은 우변으로 이항한다.
$3x-4x-x=3-3-2$
$-2x=-2$
$x=1$

02 양변에 6을 곱한다.
$2(x+2)+6(2x-1)=3(3x-4)$
$2x+4+12x-6=9x-12$
$2x+12x-9x=-12-4+6$
$5x=-10$
$x=-2$

03 $6x+4-x+7=3x-9+6$
$6x-x-3x=-9+6-4-7$
$2x=-14$
$x=-7$

04 양변에 4를 곱한다.
$16(x+1)+2(x+3)=(3x-1)+8(2x+3)$
$16x+16+2x+6=3x-1+16x+24$
$16x+2x-3x-16x=-1+24-16-6$
$-x=1$
$x=-1$

실력 UP 문제

※ 다음 비례식에서 x의 값을 구하시오. (05~07)

05 $100:600=x:300$

06 $25:x=75:300$

07 $350:70=20:x$

전기기능사 기출 미리보기

08 출력 $10[\text{kW}]$, 슬립 $4[\%]$로 운전되고 있는 3상 유도 전동기의 2차 동손은 약 몇 $[\text{W}]$인가?

공식 | $P_2:P_{2c}:P_0=1:s:(1-s)$
(P_2: 2차 입력[W], P_{2c}: 2차 동손[W], P_0: 2차 출력[W], s: 슬립)
$P_{2c}:P_0=s:(1-s)$에 $P_0=10\times 10^3$, $s=0.04$를 대입하면 P_{2c}를 구할 수 있다.

정답 및 풀이

05 비례식에서 외항의 곱은 내항의 곱과 같다.
$100\times 300=600\times x$
$600x=30,000$
$x=50$

06 $25\times 300=x\times 75$
$75x=7,500$
$x=100$

07 $350\times x=70\times 20$
$350x=1,400$
$x=4$

08 $P_{2c}:P_0=s:(1-s)$에서
$P_{2c}\times(1-s)=P_0\times s$, $P_{2c}=\dfrac{P_0\times s}{1-s}$
$1[\text{kW}]=10^3[\text{W}]$이므로 $10[\text{kW}]=10\times 10^3[\text{W}]$
$P_{2c}=\dfrac{(10\times 10^3)\times 0.04}{1-0.04}\fallingdotseq 417[\text{W}]$

CHAPTER 05 함수

1. 좌표평면과 좌표

(1) 좌표평면

  x축과 y축이 원점 O에서 직교하여 생기는 평면을 좌표평면이라고 한다.
  → 수직으로 만나는 것을 의미합니다.

(2) 좌표

  좌표평면 위의 한 점 P에서 x축, y축에 그은 수선이 x축, y축과 만나는 점이 각각 a, b일 때, 순서쌍 (a, b)를 점 P의 좌표라고 한다.
  → 일정한 직선과 직각을 이루는 직선을 말합니다.

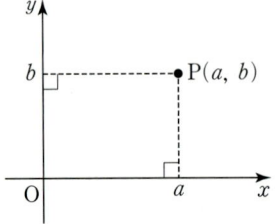

2. 정비례 관계

(1) 정비례 관계

  어떤 값이 2배, 3배, 4배, …가 될 때, 다른 값도 2배, 3배, 4배, …가 되는 관계를 정비례 관계라고 한다. y가 x에 정비례하면 $y=ax$ (단, $a\neq 0$)와 같이 나타낼 수 있다.

(2) 일상생활에서의 정비례 관계

  한 개에 1,000원인 아이스크림 x개의 가격을 y원이라 할 때, x와 y 사이의 관계를 표로 나타내어 보면 다음과 같다.

x[개]	1	2	3	…	x
y[원]	1,000	2,000	3,000	…	$1,000x$

  따라서 아이스크림의 개수 x와 가격 y 사이의 관계식은 $y=1,000x$이다.

NOTE

3. 반비례 관계

(1) 반비례 관계

어떤 값이 2배, 3배, 4배, …가 될 때, 다른 값은 $\frac{1}{2}$배, $\frac{1}{3}$배, $\frac{1}{4}$배, …가 되는 관계를 반비례 관계라고 한다. y가 x에 반비례하면 $y=\frac{a}{x}$ (단, $a\neq 0$)와 같이 나타낼 수 있다.

(2) 일상생활에서의 반비례 관계

소금 36[kg]을 바구니 x개에 y[kg]씩 나누어 담으려고 할 때, x와 y 사이의 관계를 표로 나타내어 보면 다음과 같다.

x[개]	1	2	3	…	x
y[kg]	36	18	12	…	$\frac{36}{x}$

따라서 바구니의 개수 x와 바구니 1개에 담긴 소금의 무게 y 사이의 관계식은 $y=\frac{36}{x}$이다.

4. 함숫값

(1) 함수

두 변수 x, y에 대하여 x의 값이 변함에 따라 y의 값이 하나씩 정해지는 두 양 사이의 대응 관계가 있을 때, y를 x의 함수라고 한다.

(2) 함숫값

함수 $y=f(x)$에서 x의 값에 따라 정해지는 y의 값 $f(x)$를 x에 대한 함숫값이라 한다.

함수 $f(x)=x+2$에 대하여

$x=1$일 때 함숫값 $f(1)=1+2=3$,

$x=2$일 때 함숫값 $f(2)=2+2=4$,

$x=3$일 때 함숫값 $f(3)=3+2=5$, …

이와 같이 함수 $y=f(x)$에서 x에 a를 대입하면 $f(a)$의 값을 구할 수 있다.

NOTE

실력 UP 문제

01 다음 좌표평면에서 각 점의 좌표를 구하시오.

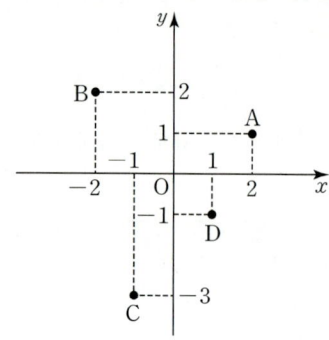

02 한 달에 5,000원씩 x개월 동안 저축한 금액이 y원이라고 할 때, x와 y 사이의 관계를 표로 나타내어 보고, 관계식을 구하시오.

03 넓이가 100인 직사각형의 가로의 길이를 x, 세로의 길이를 y라 할 때, x와 y 사이의 관계를 표로 나타내어 보고, 관계식을 구하시오.

04 자연수 x의 약수를 y라 할 때, y가 x의 함수인지 아닌지 말하시오. 함수라면 x와 y 사이의 관계식을 구하고, 함수가 아니라면 그 이유를 설명하시오.

정답 및 풀이

01 A(2, 1), B(−2, 2), C(−1, −3), D(1, −1)

02

x[개월]	1	2	3	…	x
y[원]	5,000	10,000	15,000	…	$5,000x$

따라서 x와 y 사이의 관계식은 $y=5,000x$이다.

03

x	1	2	3	…	x
y	100	50	$\dfrac{100}{3}$	…	$\dfrac{100}{x}$

따라서 x와 y 사이의 관계식은 $y=\dfrac{100}{x}$이다.

04 y는 x의 함수가 아니다.
함수는 x의 값이 변함에 따라 y의 값이 하나씩 정해져야 하는데, 자연수 x의 값에 따라 약수 y값이 2개 이상인 것도 있기 때문이다.

실력 UP 문제

※ 함수 $f(x)=2x+1$에 대하여 다음을 구하시오. (05~07)

05 $f(1)$

06 $f\left(\dfrac{1}{2}\right)$

07 $f(2)$

08 함수 $f(x)=-3x+2$에 대하여 $f(1)+f(-1)$의 값을 구하시오.

전기기능사 기출 미리보기

09 도체의 전기저항에 대한 설명으로 옳은 것은?
① 길이와 단면적에 반비례한다.
② 길이와 단면적에 비례한다.
③ 길이에 비례하고 단면적에 반비례한다.
④ 길이에 반비례하고 단면적에 비례한다.

공식 | $R=\rho\dfrac{l}{S}$
(R: 전기저항, ρ: 고유저항률, l: 물체의 길이, S: 물체의 단면적)

정답 및 풀이

05 $f(1)=2\times1+1=3$

06 $f\left(\dfrac{1}{2}\right)=2\times\dfrac{1}{2}+1=2$

07 $f(2)=2\times2+1=5$

08 $f(1)=-3\times1+2=-1$
$f(-1)=(-3)\times(-1)+2=5$
$f(1)+f(-1)=-1+5=4$

09 전기저항 R은 길이 l에 비례하고, 단면적 S에 반비례하므로 답은 ③이다.

CHAPTER 06 지수와 제곱근

1. 밑과 지수

같은 수를 여러 번 곱하는 것을 거듭제곱이라 한다. 이때 여러 번 곱한 수를 a, 곱한 횟수를 b라 하면 a^b과 같이 나타낼 수 있다. 이때 a를 밑, b를 지수라 한다.

→ a의 b제곱이라고 읽습니다.

2. 지수법칙 (단, $a \neq 0$, m, n은 정수)

(1) 밑이 같은 두 수의 곱은 밑을 공통으로 하여 지수를 더한다.
  ➡ $a^n \times a^m = a^{n+m}$

(2) 밑이 같은 두 수의 나눗셈은 밑을 공통으로 하여 지수를 뺀다.
  ➡ $a^n \div a^m = \dfrac{a^n}{a^m} = a^n \times \dfrac{1}{a^m} = a^{n-m}$

(3) n제곱의 m제곱인 경우에는 지수끼리 곱한다.
  ➡ $(a^n)^m = a^{n \times m}$

(4) 지수가 0인 경우는 밑과 관계없이 항상 1이다.
  ➡ $a^0 = 1$

(5) 분자와 분모의 자리를 바꿀 때에는 지수의 부호를 반대로 바꾼다.
  ➡ $a^n = \dfrac{1}{a^{-n}}$, $\dfrac{1}{a^m} = a^{-m}$

계산기 TIP — CASIO, UNIONE
(1) 지수의 입력
3^5 ➡ [3] [$x^\blacksquare$] [5] [=] ➡ 243
(2) 지수의 연산
$2^3 \times 2^4$ ➡ [2] [$x^\blacksquare$] [3] [▶] [×] [2] [$x^\blacksquare$] [4] [=] ➡ 128

계산기 TIP — SHARP
(1) 지수의 입력
3^5 ➡ [3] [y^x] [5] [=] ➡ 243
(2) 지수의 연산
$2^3 \times 2^4$ ➡ [2] [y^x] [3] [×] [2] [y^x] [4] [=] ➡ 128

NOTE

예제 1 다음을 a^b의 꼴로 나타내시오.

(1) $100 \times 1{,}000$ (2) $3^4 \times 3^{-1}$ (3) $a^9 \div a^5$

풀이 | (1) $100 = 10 \times 10 = 10^2$, $1{,}000 = 10 \times 10 \times 10 = 10^3$이므로 $100 \times 1{,}000 = 10^2 \times 10^3 = 10^{2+3} = 10^5$
(2) $3^4 \times 3^{-1} = 3^{4+(-1)} = 3^3$
(3) $a^9 \div a^5 = a^{9-5} = a^4$

3. 제곱근

어떤 수 x를 제곱하여 나온 수가 a일 때, x를 a의 제곱근이라 한다. 기호는 $\sqrt{}$ 와 같이 나타내고, 근호 또는 루트라고 읽는다.

$$\sqrt{a} = x,\ x^2 = a$$

계산기 TIP
CASIO, UNIONE
루트는 $\sqrt{\blacksquare}$ 버튼을 이용하여 입력할 수 있다.
$2\sqrt{3} \Rightarrow \boxed{2} \boxed{\sqrt{\blacksquare}} \boxed{3} \Rightarrow 2\sqrt{3} \Rightarrow \boxed{S \Leftrightarrow D} \Rightarrow 3.464\cdots$

계산기 TIP
SHARP
루트는 $\sqrt{}$ 버튼을 이용하여 입력할 수 있다.
$2\sqrt{3} \Rightarrow \boxed{2} \boxed{\sqrt{}} \boxed{3} \Rightarrow 3.464\cdots$

4. n제곱근

어떤 수 x를 n번 제곱하여 나온 수가 a일 때, x를 a의 n제곱근이라고 한다. $\sqrt[n]{a} = x$, $a = x^n$과 같이 나타내며, n을 근지수라고 한다. 이때 $\sqrt[n]{a}$은 $a^{\frac{1}{n}}$과 같이 지수가 분수인 수로 나타낼 수 있다.

(1) $a^{\frac{1}{n}} = \sqrt[n]{a}$

(2) $a^{\frac{m}{n}} = (a^m)^{\frac{1}{n}} = \sqrt[n]{a^m}$

(3) $a^{-\frac{m}{n}} = \dfrac{1}{\sqrt[n]{a^m}}$

NOTE

예제 1 다음을 지수가 분수인 꼴로 나타내시오.

(1) $\sqrt{2}$ (2) $\sqrt[3]{2}$ (3) $\sqrt[4]{2}$

> 풀이 | (1) $\sqrt{2}=\sqrt[2]{2}=2^{\frac{1}{2}}$ (2) $\sqrt[3]{2}=2^{\frac{1}{3}}$ (3) $\sqrt[4]{2}=2^{\frac{1}{4}}$

예제 2 세 수 $\sqrt{a^2}$, $\sqrt[3]{a^3}$, $\sqrt[4]{a^4}$의 크기를 비교하시오. (단, $a>0$)

> 풀이 | $\sqrt{a^2}=(a^2)^{\frac{1}{2}}=a^{2\times\frac{1}{2}}=a^1=a$
> $\sqrt[3]{a^3}=(a^3)^{\frac{1}{3}}=a^{3\times\frac{1}{3}}=a^1=a$
> $\sqrt[4]{a^4}=(a^4)^{\frac{1}{4}}=a^{4\times\frac{1}{4}}=a^1=a$
> 따라서 $\sqrt{a^2}=\sqrt[3]{a^3}=\sqrt[4]{a^4}$이다.

5. 제곱근의 기본 성질 (단, $a>0$, $b>0$이고, m, n은 2 이상의 정수)

(1) $\sqrt{a}\times\sqrt{b}=\sqrt{a\times b}$

(2) $\sqrt{a}\div\sqrt{b}=\dfrac{\sqrt{a}}{\sqrt{b}}=\sqrt{\dfrac{a}{b}}$

(3) $\sqrt[n]{a}\times\sqrt[n]{b}=\sqrt[n]{a\times b}$

(4) $\sqrt[n]{a}\div\sqrt[n]{b}=\dfrac{\sqrt[n]{a}}{\sqrt[n]{b}}=\sqrt[n]{\dfrac{a}{b}}$

(5) $(\sqrt[n]{a})^m=\sqrt[n]{a^m}$

NOTE

실력 UP 문제

※ 다음을 거듭제곱꼴로 간단히 하시오. (01~03)

01 $2^3 \times 2^2$

02 $\dfrac{1}{10^{-2}} \times 10^3$

03 $5^4 \times \dfrac{10^3}{10^{-2}} \times 5^{-2}$

※ 다음을 간단히 하시오. (04~06)

04 $\sqrt{4}$

05 $\sqrt{32}$

06 $\sqrt{12}$

07 다음 식을 간단히 하시오.
$\sqrt{81} \times 10^9 \times \dfrac{(\sqrt{16} \times 10^{-5}) \times (6 \times 10^{-5})}{2^3}$

정답 및 풀이

01 $2^3 \times 2^2 = 2^{3+2} = 2^5$

02 $\dfrac{1}{10^{-2}} \times 10^3 = 10^2 \times 10^3 = 10^{2+3} = 10^5$

03 $5^4 \times \dfrac{10^3}{10^{-2}} \times 5^{-2} = 5^4 \times 10^3 \times 10^2 \times 5^{-2}$
$= 5^4 \times 5^{-2} \times 10^3 \times 10^2 = 5^{4-2} \times 10^{3+2}$
$= 5^2 \times 10^5$

04 $\sqrt{4} = \sqrt{2^2} = 2$

05 $\sqrt{32} = \sqrt{4^2 \times 2} = \sqrt{4^2} \times \sqrt{2} = 4\sqrt{2}$

06 $\sqrt{12} = \sqrt{2^2 \times 3} = \sqrt{2^2} \times \sqrt{3} = 2\sqrt{3}$

07 $\sqrt{81} \times 10^9 \times \dfrac{(\sqrt{16} \times 10^{-5}) \times (6 \times 10^{-5})}{2^3}$
$= \sqrt{9^2} \times 10^9 \times \dfrac{(\sqrt{4^2} \times 10^{-5}) \times (6 \times 10^{-5})}{2^3}$
$= 9 \times 10^9 \times \dfrac{4 \times 6 \times 10^{-10}}{2^3}$
$= 3^2 \times 10^9 \times \dfrac{2^2 \times 2 \times 3 \times 10^{-10}}{2^3} = 3^2 \times 10^9 \times 3 \times 10^{-10}$
$= 3^{2+1} \times 10^{9-10} = 3^3 \times 10^{-1}$

CHAPTER 07 곱셈공식과 인수분해

1. 곱셈공식

(1) $(a+b)^2 = a^2 + 2ab + b^2$
(2) $(a-b)^2 = a^2 - 2ab + b^2$
(3) $(a+b)(a-b) = a^2 - b^2$
(4) $(x+a)(x+b) = x^2 + (a+b)x + ab$
(5) $(ax+b)(cx+d) = acx^2 + (ad+bc)x + bd$
(6) $(a+b)^3 = a^3 + 3a^2b + 3ab^2 + b^3$
(7) $(a-b)^3 = a^3 - 3a^2b + 3ab^2 - b^3$

예제 1 다음을 전개하시오.

(1) $(a+5)^2$
(2) $(x+3)(x+4)$

풀이 | (1) $(a+5)^2 = a^2 + 2 \times a \times 5 + 5^2 = a^2 + 10a + 25$
(2) $(x+3)(x+4) = x^2 + (3+4)x + 3 \times 4 = x^2 + 7x + 12$

2. 인수분해

(1) $a^2 + 2ab + b^2 = (a+b)^2$
(2) $a^2 - 2ab + b^2 = (a-b)^2$
(3) $x^2 + (a+b)x + ab = (x+a)(x+b)$
(4) $a^2 - b^2 = (a+b)(a-b)$

> **더 알아보기 | 분모의 유리화**
>
> 분모가 근호를 포함한 수일 때, 분모, 분자에 각각 0이 아닌 같은 수를 곱하여 분모를 유리수로 바꾸는 것을 말한다.
> 이때 $a^2 - b^2 = (a+b)(a-b)$ 공식을 응용한다. (단, $a>0$, $b>0$)
>
> (1) $\dfrac{1}{\sqrt{a}} = \dfrac{\sqrt{a}}{\sqrt{a} \times \sqrt{a}} = \dfrac{\sqrt{a}}{a}$
>
> (2) $\dfrac{c}{\sqrt{a}+\sqrt{b}} = \dfrac{c(\sqrt{a}-\sqrt{b})}{(\sqrt{a}+\sqrt{b})(\sqrt{a}-\sqrt{b})} = \dfrac{c(\sqrt{a}-\sqrt{b})}{(\sqrt{a})^2-(\sqrt{b})^2} = \dfrac{c(\sqrt{a}-\sqrt{b})}{a-b}$ (단, $a \neq b$)
>
> (3) $\dfrac{c}{\sqrt{a}-\sqrt{b}} = \dfrac{c(\sqrt{a}+\sqrt{b})}{(\sqrt{a}-\sqrt{b})(\sqrt{a}+\sqrt{b})} = \dfrac{c(\sqrt{a}+\sqrt{b})}{(\sqrt{a})^2-(\sqrt{b})^2} = \dfrac{c(\sqrt{a}+\sqrt{b})}{a-b}$ (단, $a \neq b$)

예제 1 $x^2 + 8x + 12$를 인수분해하시오.

풀이 | 더해서 8, 곱해서 12가 되는 두 수는 2와 6이다.
따라서 $x^2 + 8x + 12 = (x+2)(x+6)$이다.

NOTE

예제 2 다음 분수의 분모를 유리화하시오.

(1) $\dfrac{2}{\sqrt{7}}$ (2) $\dfrac{18}{\sqrt{3}}$ (3) $\dfrac{6}{\sqrt{6}-\sqrt{3}}$

풀이 | (1) $\dfrac{2}{\sqrt{7}} = \dfrac{2 \times \sqrt{7}}{\sqrt{7} \times \sqrt{7}} = \dfrac{2\sqrt{7}}{7}$

(2) $\dfrac{18}{\sqrt{3}} = \dfrac{18 \times \sqrt{3}}{\sqrt{3} \times \sqrt{3}} = \dfrac{18\sqrt{3}}{3} = 6\sqrt{3}$

(3) $\dfrac{6}{\sqrt{6}-\sqrt{3}} = \dfrac{6 \times (\sqrt{6}+\sqrt{3})}{(\sqrt{6}-\sqrt{3})(\sqrt{6}+\sqrt{3})} = \dfrac{6(\sqrt{6}+\sqrt{3})}{6-3} = 2(\sqrt{6}+\sqrt{3})$

3. 이차방정식

방정식의 모든 항을 좌변으로 이항하여 정리하였을 때, (이차식)=0의 꼴로 나타내어지는 방정식을 이차방정식이라고 한다. 이차방정식의 근은 크게 3가지 방법으로 구할 수 있다.

$x^2-10x+24=0$의 근을 세 가지 방법으로 구해 보자.

(1) 인수분해로 근을 구하기

    더해서 -10, 곱해서 24가 되는 두 수는 -6과 -4이다.

    $x^2-10x+24=(x-6)(x-4)=0$

    $x-6=0$ 또는 $x-4=0$이므로 $x=6$ 또는 $x=4$이다.
    └─────────────────┘ $AB=0$이면 $A=0$ 또는 $B=0$입니다.

(2) 완전제곱식으로 근을 구하기 $(x+a)^2=b$의 꼴을 완전제곱식이라고 합니다.

    $x^2-10x=-24$

    $x^2-10x+(-5)^2=-24+(-5)^2$
    └──────────┘ 양변에 x의 계수인 -10의 절반의 제곱을 더합니다.

    $x^2-2\times 5x+(-5)^2=1$

    $(x-5)^2=1$

    $x-5=1$ 또는 $x-5=-1$이므로 $x=6$ 또는 $x=4$이다.

(3) 근의 공식으로 근을 구하기

    이차방정식 $ax^2+bx+c=0$에서 근의 공식은 $x=\dfrac{-b\pm\sqrt{b^2-4ac}}{2a}$이므로

    $x=\dfrac{-(-10)\pm\sqrt{(-10)^2-4\times 1\times 24}}{2\times 1} = \dfrac{10\pm\sqrt{4}}{2} = \dfrac{10\pm 2}{2}$

    따라서 $x=6$ 또는 $x=4$이다.

NOTE

실력 UP 문제

※ 곱셈공식을 이용하여 다음을 전개하시오. (01~04)

01 $(a+2b)^2$

02 $(2a+3)(2a-3)$

03 $(x+7)(x-5)$

04 $(2a-b)^3$

※ 곱셈공식을 이용하여 다음을 계산하시오. (05~06)

05 23^2

06 13×11

※ 다음을 인수분해하시오. (07~10)

07 $x^2-7x+10$

08 $a(x+y)-b(x+y)$

정답 및 풀이

01 $(a+2b)^2 = a^2+2 \times a \times 2b+(2b)^2$
$= a^2+4ab+4b^2$

02 $(2a+3)(2a-3) = (2a)^2-3^2$
$= 4a^2-9$

03 $(x+7)(x-5) = x^2+(7-5)x+7 \times (-5)$
$= x^2+2x-35$

04 $(2a-b)^3 = (2a)^3-3 \times (2a)^2 \times b+3 \times 2a \times b^2-b^3$
$= 8a^3-12a^2b+6ab^2-b^3$

05 $23^2 = (20+3)^2 = 20^2+2 \times 20 \times 3+3^2$
$= 400+120+9 = 529$

06 $13 \times 11 = (12+1)(12-1) = 12^2-1^2$
$= 144-1 = 143$

07 더해서 -7, 곱해서 10이 되는 두 수는 -2와 -5이다.
$x^2-7x+10 = (x-2)(x-5)$

08 각 항에 $(x+y)$가 공통이므로 분배법칙을 이용하여 $(x+y)$로 묶어준다.
$a(x+y)-b(x+y) = (x+y)(a-b)$

실력 UP 문제

09 $9x^2 - 30xy + 25y^2$

10 $a^4 - b^4$

※ 다음 분수의 분모를 유리화하시오. (11~12)

11 $\dfrac{2}{\sqrt{2}-1}$

12 $\dfrac{3}{4+\sqrt{10}}$

※ 인수분해로 이차방정식의 근을 구하시오. (13~14)

13 $x^2 - 2x - 15 = 0$

14 $x^2 + \dfrac{3}{2}x + \dfrac{1}{2} = 0$

정답 및 풀이

09 $9x^2 - 30xy + 25y^2 = (3x)^2 - 2 \times 3x \times 5y + (5y)^2$
$= (3x - 5y)^2$

10 $a^4 - b^4 = (a^2)^2 - (b^2)^2 = (a^2 + b^2)(a^2 - b^2)$
$= (a^2 + b^2)(a+b)(a-b)$

11 $\dfrac{2}{\sqrt{2}-1} = \dfrac{2 \times (\sqrt{2}+1)}{(\sqrt{2}-1) \times (\sqrt{2}+1)} = \dfrac{2(\sqrt{2}+1)}{2-1}$
$= 2(\sqrt{2}+1)$

12 $\dfrac{3}{4+\sqrt{10}} = \dfrac{3 \times (4-\sqrt{10})}{(4+\sqrt{10})(4-\sqrt{10})} = \dfrac{3(4-\sqrt{10})}{16-10}$
$= \dfrac{3(4-\sqrt{10})}{6} = \dfrac{4-\sqrt{10}}{2}$

13 더해서 -2, 곱해서 -15가 되는 두 수는 -5와 3이다.
$x^2 - 2x - 15 = (x-5)(x+3) = 0$
$x-5=0$ 또는 $x+3=0$이므로 $x=5$ 또는 $x=-3$

14 더해서 $\dfrac{3}{2}$, 곱해서 $\dfrac{1}{2}$이 되는 두 수는 1과 $\dfrac{1}{2}$이다.
$x^2 + \dfrac{3}{2}x + \dfrac{1}{2} = (x+1)\left(x+\dfrac{1}{2}\right) = 0$
$x+1=0$ 또는 $x+\dfrac{1}{2}=0$이므로
$x=-1$ 또는 $x=-\dfrac{1}{2}$

실력 UP 문제

※ 완전제곱식으로 이차방정식의 근을 구하시오. (15~16)

15 $x^2+4x-17=0$

16 $x^2+5x+2=0$

※ 근의 공식으로 이차방정식의 근을 구하시오. (17~18)

17 $2x^2-5x+1=0$

18 $3x^2+7x-4=0$

정답 및 풀이

15 $x^2+4x=17$
$x^2+4x+2^2=17+2^2$
$x^2+2\times 2x+2^2=21$
$(x+2)^2=21$
$x+2=\sqrt{21}$ 또는 $x+2=-\sqrt{21}$ 이므로
$x=-2+\sqrt{21}$ 또는 $x=-2-\sqrt{21}$

16 $x^2+5x=-2$
$x^2+5x+\left(\dfrac{5}{2}\right)^2=-2+\left(\dfrac{5}{2}\right)^2$
$x^2+2\times\dfrac{5}{2}x+\left(\dfrac{5}{2}\right)^2=\dfrac{17}{4}$
$\left(x+\dfrac{5}{2}\right)^2=\dfrac{17}{4}$
$x+\dfrac{5}{2}=\dfrac{\sqrt{17}}{2}$ 또는 $x+\dfrac{5}{2}=-\dfrac{\sqrt{17}}{2}$ 이므로
$x=\dfrac{-5+\sqrt{17}}{2}$ 또는 $x=\dfrac{-5-\sqrt{17}}{2}$

17 $x=\dfrac{-(-5)\pm\sqrt{(-5)^2-4\times 2\times 1}}{2\times 2}=\dfrac{5\pm\sqrt{17}}{4}$

18 $x=\dfrac{-7\pm\sqrt{7^2-4\times 3\times(-4)}}{2\times 3}=\dfrac{-7\pm\sqrt{97}}{6}$

CHAPTER 08 부등식

1. 부등식

부등호(>, <, ≥, ≤)를 사용하여 **두 수나 식의 대소 관계를 나타낸 식**을 부등식이라고 한다.
부등식 $a<b$에 대하여 다음의 성질을 만족한다.

(1) 부등식의 양변에 같은 수를 더하거나 빼도 부등호의 방향은 바뀌지 않는다.
  ➡ $a+c<b+c$, $a-c<b-c$

(2) 부등식의 양변에 같은 양수를 곱하거나 나누어도 부등호의 방향은 바뀌지 않는다.
  ➡ $a\times c<b\times c$, $a\div c<b\div c$ (단, $c>0$)

(3) 부등식의 양변에 같은 음수를 곱하거나 나누면 부등호의 방향은 바뀐다.
  ➡ $a\times c>b\times c$, $a\div c>b\div c$ (단, $c<0$)

2. 일차부등식

부등식의 모든 항을 좌변으로 이항하여 정리하였을 때, (일차식)>0, (일차식)<0, (일차식)≥0, (일차식)≤0 중 어느 하나의 꼴로 나타내어지는 부등식을 일차부등식이라고 한다.

3. 일차부등식의 해를 수직선 위에 나타내기

(1) $x>a$

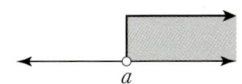

(2) $x<a$

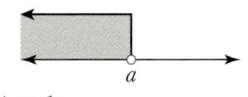

(3) $x\geq a$

(4) $x\leq a$

NOTE

예제 1 일차부등식 $2x-1>3x+2$의 해를 수직선 위에 나타내시오.

> **풀이** | 미지수 x를 포함한 항은 좌변으로, 상수항은 우변으로 이항한다.
> $2x-3x>2+1$, $-x>3$
> 양변을 -1로 나누면 부등호의 방향은 바뀐다.
> $-x\div(-1)<3\div(-1)$, $x<-3$
> $x<-3$을 수직선 위에 나타내면 다음과 같다.
>
> ←────○──→
> -3

4. 절댓값의 부등식 (단, $a>0$)

(1) $|x|<a$ ➡ $-a<x<a$

(2) $|x|>a$ ➡ $x>a$ 또는 $x<-a$

예제 1 $|x-3|<2$의 해를 구하시오.

> **풀이** | $|x-3|<2$ ➡ $-2<x-3<2$
> 모든 변에 3을 더한다.
> $-2+3<x-3+3<2+3$
> 따라서 $1<x<5$이다.

NOTE

실력 UP 문제

※ 다음 부등식을 푸시오. (01~04)

01 $3x-1>4x$

02 $-2(x+1) \leq 3x-(5+2x)$

03 $|2x-3|<3$

04 $|3x+1|>4$

05 부등식 $|-x+k| \leq 2$의 해가 $a \leq x \leq 3$일 때, $k+a$ 값을 구하시오.

정답 및 풀이

01 미지수 x를 포함한 항은 좌변으로, 상수항은 우변으로 이항한다.
$3x-4x>1$, $-x>1$
양변을 -1로 나누면 부등호의 방향은 바뀐다.
$x<-1$

02 $-2x-2 \leq 3x-5-2x$
$-2x-3x+2x \leq -5+2$
$-3x \leq -3$
$x \geq 1$

03 $-3<2x-3<3$
모든 변에 3을 더한다.
$-3+3<2x<3+3$
$0<2x<6$
$0<x<3$

04 $3x+1>4$ 또는 $3x+1<-4$
$3x>3$ 또는 $3x<-5$
$x>1$ 또는 $x<-\dfrac{5}{3}$

05 $-2 \leq -x+k \leq 2$
$-2-k \leq -x \leq 2-k$
모든 변을 -1로 나누면 부등호의 방향은 바뀐다.
$2+k \geq x \geq -2+k$
$-2+k \leq x \leq 2+k$
$2+k=3$이므로 $k=1$
$a=-2+k$이므로 $a=-1$
따라서 $k+a=1+(-1)=0$이다.

CHAPTER 09 삼각비

1. 호도법

반지름의 길이가 r인 원에서 호의 길이가 r인 부채꼴 AOB의 중심각, ∠AOB의 크기를 <u>1호도</u> 또는 <u>1라디안</u>([Radian] 또는 [rad])이라 한다. 이 각의 크기를 단위로 하여 각의 크기를 나타내는 방법을 호도법이라고 한다. ← '라디안' 단위는 생략 가능합니다.

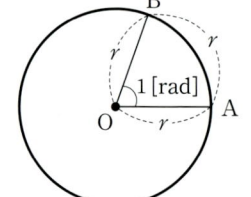

(1) 육십분법을 호도법으로 변환: $\theta \Rightarrow \dfrac{\pi}{180°} \times \theta$

(2) 호도법을 육십분법으로 변환: $a\pi \Rightarrow 180° \times a$

(3) 육십분법과 호도법의 관계

육십분법	30°	45°	60°	90°	120°	135°	150°	180°	270°	360°
호도법	$\dfrac{\pi}{6}$	$\dfrac{\pi}{4}$	$\dfrac{\pi}{3}$	$\dfrac{\pi}{2}$	$\dfrac{2}{3}\pi$	$\dfrac{3}{4}\pi$	$\dfrac{5}{6}\pi$	π	$\dfrac{3}{2}\pi$	2π

계산기 TIP 공통 π값의 의미는 원주율의 경우 3.14…, 각도의 경우 180°를 의미한다. 계산기를 사용하여 각도를 계산할 때에는 π 대신 180을 입력하여야 정확한 답을 구할 수 있다.

예제 1 각도를 호도로 변환하시오.

(1) 30°   (2) 45°

풀이 | (1) $30° \Rightarrow \dfrac{\pi}{180°} \times 30° = \dfrac{\pi}{6}$

(2) $45° \Rightarrow \dfrac{\pi}{180°} \times 45° = \dfrac{\pi}{4}$

예제 2 호도를 각도로 변환하시오.

(1) $\dfrac{\pi}{3}$ (2) $\dfrac{\pi}{2}$

풀이 | (1) $\dfrac{\pi}{3} \Rightarrow 180° \times \dfrac{1}{3} = 60°$

(2) $\dfrac{\pi}{2} \Rightarrow 180° \times \dfrac{1}{2} = 90°$

NOTE

2. 삼각비

직각삼각형에서 직각이 아닌 한 각의 크기에 대한 변의 길이의 비는 삼각형의 크기와 관계없이 일정하다.

(1) $\sin\theta = \dfrac{높이}{빗변} = \dfrac{b}{c}$ → 사인이라고 읽습니다.

(2) $\cos\theta = \dfrac{밑변}{빗변} = \dfrac{a}{c}$ → 코사인이라고 읽습니다.

(3) $\tan\theta = \dfrac{높이}{밑변} = \dfrac{b}{a}$ → 탄젠트라고 읽습니다.

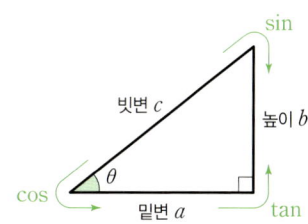

3. 특수각의 삼각비

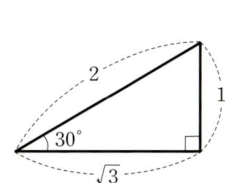 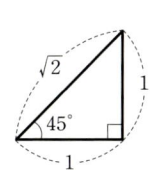 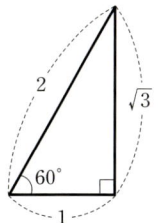

구분	0°	30°	45°	60°	90°
sin	0	$\dfrac{1}{2}$	$\dfrac{1}{\sqrt{2}}$	$\dfrac{\sqrt{3}}{2}$	1
cos	1	$\dfrac{\sqrt{3}}{2}$	$\dfrac{1}{\sqrt{2}}$	$\dfrac{1}{2}$	0
tan	0	$\dfrac{1}{\sqrt{3}}$	1	$\sqrt{3}$	∞

> 🔍 **더 알아보기** **피타고라스 정리**
>
> 직각삼각형에서 빗변의 길이를 c, 빗변이 아닌 두 변의 길이를 각각 a, b라고 하면 $a^2+b^2=c^2$이 성립한다. 피타고라스 정리를 만족하는 세 자연수 a, b, c의 쌍 (a, b, c)를 피타고라스 3쌍이라고 하는데 대표적으로 다음의 꼴이 있다.
> $(3k, 4k, 5k)$, $(5k, 12k, 13k)$ (단, k는 자연수)

4. 삼각비의 역수

(1) $\operatorname{cosec}\theta = \dfrac{1}{\sin\theta}$ → 코시컨트라고 읽습니다.

(2) $\sec\theta = \dfrac{1}{\cos\theta}$ → 시컨트라고 읽습니다.

(3) $\cot\theta = \dfrac{1}{\tan\theta}$ → 코탄젠트라고 읽습니다.

NOTE

실력 UP 문제

※ 호도를 각도로, 각도를 호도로 변환하시오. (01~03)

01 $60°$

02 $\dfrac{\pi}{6}$

03 $270°$

※ 다음의 값을 구하시오. (04~05)

04 $\sin \dfrac{\pi}{3}$

05 $\cos \dfrac{\pi}{4}$

06 직각삼각형의 밑변, 높이, 빗변의 길이를 각각 a, b, c라 한다. $a : b : c$가 다음과 같을 때, 직각삼각형이 아닌 것을 고르시오.

- ㉠ $1 : \sqrt{3} : 2$
- ㉡ $1 : 1 : \sqrt{2}$
- ㉢ $2 : 5 : 7$
- ㉣ $5 : 12 : 13$
- ㉤ $3 : 4 : 5$

전기기능사 기출 미리보기

07 $60[\text{cd}]$의 점광원으로부터 $2[\text{m}]$의 거리에서 그 방향과 직각인 면과 $30°$ 기울어진 평면 위의 조도$[\text{lx}]$를 구하시오.

공식 | $E_h = \dfrac{I}{R^2} \cos \theta$

(E_h: 수평면 조도[lx], I: 광도[cd], R: 거리[m])

정답 및 풀이

01 $60° \Rightarrow \dfrac{\pi}{180°} \times 60° = \dfrac{\pi}{3}$

02 $\dfrac{\pi}{6} \Rightarrow 180° \times \dfrac{1}{6} = 30°$

03 $270° \Rightarrow \dfrac{\pi}{180°} \times 270° = \dfrac{3}{2}\pi$

04 $\dfrac{\pi}{3} = 60°$이므로 $\sin \dfrac{\pi}{3} = \sin 60° = \dfrac{\sqrt{3}}{2}$

05 $\dfrac{\pi}{4} = 45°$이므로 $\cos \dfrac{\pi}{4} = \cos 45° = \dfrac{\sqrt{2}}{2}$

06 직각삼각형의 밑변 a, 높이 b, 빗변 c에 대하여 $a^2 + b^2 = c^2$이 성립한다.
- ㉠ $1^2 + (\sqrt{3})^2 = 1 + 3 = 4 = 2^2$
- ㉡ $1^2 + 1^2 = 1 + 1 = 2 = (\sqrt{2})^2$
- ㉢ $2^2 + 5^2 = 4 + 25 = 29 = (\sqrt{29})^2 \neq 7^2$
- ㉣ $5^2 + 12^2 = 25 + 144 = 169 = 13^2$
- ㉤ $3^2 + 4^2 = 9 + 16 = 25 = 5^2$

따라서 직각삼각형이 아닌 것은 ㉢이다.

07 $E_h = \dfrac{60}{2^2} \times \cos 30° = \dfrac{60}{4} \times \dfrac{\sqrt{3}}{2} \fallingdotseq 13 \, [\text{lx}]$

CHAPTER 10 삼각함수

1. 삼각함수의 관계

(1) $\tan\theta = \dfrac{\sin\theta}{\cos\theta}$

(2) $\sin^2\theta + \cos^2\theta = 1$

(3) $1 + \tan^2\theta = \sec^2\theta$

(4) $\sin\theta = -\cos\left(\dfrac{\pi}{2} + \theta\right)$

(5) $\cos\theta = \sin\left(\dfrac{\pi}{2} + \theta\right)$

2. 삼각함수의 성질

(1) $\sin(-\theta) = -\sin\theta$

(2) $\cos(-\theta) = \cos\theta$

(3) $\tan(-\theta) = -\tan\theta$

(4) $\sin(\pi+\theta) = -\sin\theta$, $\sin(\pi-\theta) = \sin\theta$

(5) $\cos(\pi+\theta) = -\cos\theta$, $\cos(\pi-\theta) = -\cos\theta$

(6) $\tan(\pi+\theta) = \tan\theta$, $\tan(\pi-\theta) = -\tan\theta$

3. 삼각함수의 특수공식

(1) 삼각함수의 덧셈정리

① $\sin(\alpha+\beta) = \sin\alpha\cos\beta + \cos\alpha\sin\beta$

② $\sin(\alpha-\beta) = \sin\alpha\cos\beta - \cos\alpha\sin\beta$

③ $\cos(\alpha+\beta) = \cos\alpha\cos\beta - \sin\alpha\sin\beta$

④ $\cos(\alpha-\beta) = \cos\alpha\cos\beta + \sin\alpha\sin\beta$

NOTE

(2) 삼각함수의 2배각 공식
　① $\sin 2\alpha = \sin(\alpha+\alpha) = \sin\alpha\cos\alpha + \cos\alpha\sin\alpha = 2\sin\alpha\cos\alpha$
　② $\cos 2\alpha = \cos(\alpha+\alpha) = \cos\alpha\cos\alpha - \sin\alpha\sin\alpha = \cos^2\alpha - \sin^2\alpha$
　　　　　　$= (1-\sin^2\alpha) - \sin^2\alpha = 1 - 2\sin^2\alpha$
　　　　　　$= \cos^2\alpha - (1-\cos^2\alpha) = 2\cos^2\alpha - 1$

예제 1 $f(t) = \sin(t+30°)$를 덧셈정리를 이용하여 전개하시오.

> **풀이** $\sin(t+30°) = \sin t \cos 30° + \cos t \sin 30° = \dfrac{\sqrt{3}}{2}\sin t + \dfrac{1}{2}\cos t$

예제 2 $\sin 15°$의 값을 구하시오.

> **풀이** $\sin 15° = \sin(45° - 30°) = \sin 45° \cos 30° - \cos 45° \sin 30°$
> 　　　　$= \dfrac{\sqrt{2}}{2} \times \dfrac{\sqrt{3}}{2} - \dfrac{\sqrt{2}}{2} \times \dfrac{1}{2} = \dfrac{\sqrt{6}-\sqrt{2}}{4}$

NOTE

실력 UP 문제

※ $0° < \theta < 90°$일 때, 다음 물음에 답하시오. (01~02)

01 $\cos\theta = \dfrac{4}{5}$일 때, $\sin\theta$의 값을 구하시오.

02 $\cos\theta = \dfrac{3}{5}$일 때, $\tan\theta$의 값을 구하시오.

03 $\sin 150°$, $\cos 150°$의 값을 각각 구하시오.

04 $\sin 75°$, $\cos 75°$의 값을 각각 구하시오.

소방설비기사(전기분야) 기출 미리보기

05 평형 3상 회로에서 측정된 선간전압과 전류의 실효값이 각각 $28.87\,[\mathrm{V}]$, $10\,[\mathrm{A}]$이고, 역률 $\cos\theta = 0.8$일 때 3상 무효전력의 크기는 약 몇 $[\mathrm{Var}]$인지 구하시오.

공식 | $P_r = \sqrt{3}\, V_l I_l \sin\theta$
(P_r: 3상 무효전력 $[\mathrm{Var}]$, V_l: 선간전압 $[\mathrm{V}]$, I_l: 선전류 $[\mathrm{A}]$, $\sin\theta$: 무효율)

정답 및 풀이

01 $\sin^2\theta + \cos^2\theta = 1$이므로 $\sin\theta = \sqrt{1 - \cos^2\theta}$

$\sin\theta = \sqrt{1 - \left(\dfrac{4}{5}\right)^2} = \sqrt{1 - \dfrac{16}{25}}$

$= \sqrt{\dfrac{9}{25}} = \sqrt{\left(\dfrac{3}{5}\right)^2} = \dfrac{3}{5}$

02 $\sec\theta = \dfrac{1}{\cos\theta} = \dfrac{1}{\dfrac{3}{5}} = \dfrac{5}{3}$

$1 + \tan^2\theta = \sec^2\theta$이므로 $\tan\theta = \sqrt{\sec^2\theta - 1}$

$\tan\theta = \sqrt{\left(\dfrac{5}{3}\right)^2 - 1} = \sqrt{\dfrac{25}{9} - 1}$

$= \sqrt{\dfrac{16}{9}} = \sqrt{\left(\dfrac{4}{3}\right)^2} = \dfrac{4}{3}$

03 $\sin 150° = \sin(90° + 60°) = \cos 60° = \dfrac{1}{2}$

$\cos 150° = \cos(90° + 60°) = -\sin 60° = -\dfrac{\sqrt{3}}{2}$

04 $\sin 75° = \sin(45° + 30°)$
$= \sin 45° \times \cos 30° + \cos 45° \times \sin 30°$
$= \dfrac{\sqrt{2}}{2} \times \dfrac{\sqrt{3}}{2} + \dfrac{\sqrt{2}}{2} \times \dfrac{1}{2} = \dfrac{\sqrt{6} + \sqrt{2}}{4}$

$\cos 75° = \cos(45° + 30°)$
$= \cos 45° \times \cos 30° - \sin 45° \times \sin 30°$
$= \dfrac{\sqrt{2}}{2} \times \dfrac{\sqrt{3}}{2} - \dfrac{\sqrt{2}}{2} \times \dfrac{1}{2} = \dfrac{\sqrt{6} - \sqrt{2}}{4}$

05 $\sin\theta = \sqrt{1 - \cos^2\theta} = \sqrt{1 - 0.8^2} = 0.6$이므로
$P_r = \sqrt{3} \times 28.87 \times 10 \times 0.6 \fallingdotseq 300\,[\mathrm{Var}]$

CHAPTER 11 복소수

1. 허수와 복소수

(1) 허수

제곱하여 -1이 되는 수로서 이것을 문자 i로 나타내나 전기공학에서는 i를 j로 표현한다. 즉, $j=\sqrt{-1}$이고, $j^2=-1$, $j^3=-j$, $j^4=1$이다.

(2) 복소수

임의의 실수 a, b에 대하여 $a+jb$의 꼴로 나타내어지는 수를 복소수라 한다. 여기서 a를 실수부, b를 허수부라 한다. 편의상 임의의 복소수를 $Z=a+jb$로 표현한다.

2. 복소평면

복소평면이란 x축이 실수부, y축이 허수부인 좌표평면으로, 복소수 $Z=a+jb$를 점 (a, b)로 나타낼 수 있다.

(1) 복소수의 크기

$|Z|=\sqrt{a^2+b^2}$

(2) 위상(각도)

$\tan\theta=\dfrac{b}{a}$이므로 $\theta=\tan^{-1}\dfrac{b}{a}$

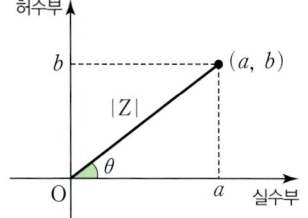

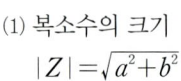 $Z=4+j3$일 때 복소수의 크기와 위상을 각각 구하시오.

풀이 | $|Z|=\sqrt{4^2+3^2}=\sqrt{16+9}=\sqrt{25}=5$

$\theta=\tan^{-1}\dfrac{3}{4}\fallingdotseq 37°$

따라서 복소수 Z의 크기는 5, 위상은 37°이다.

3. 켤레복소수

켤레복소수(공액복소수)라는 것은 허수부의 부호를 반대로 바꾼 복소수로, 복소수 $Z=a+jb$의 켤레복소수(공액복소수)는 $\overline{Z}=Z^*=a-jb$이다.

> NOTE

예제 1 다음의 공액복소수를 구하시오.

(1) $3+j2$ (2) $5-j2$ (3) $-j$ (4) 4

풀이 | (1) $3-j2$ (2) $5+j2$ (3) j
(4) 공액복소수는 허수부의 부호를 반대로 바꾸는 것이므로 실수만 존재할 때에는 부호가 바뀌지 않는다. 따라서 4의 공액복소수는 4이다.

4. 복소수의 사칙연산

(1) 덧셈과 뺄셈

실수는 실수끼리, 허수는 허수끼리 더하고 뺀다.
$Z_1=a+jb$, $Z_2=c+jd$ 일 때,
$Z_1+Z_2=(a+jb)+(c+jd)=(a+c)+j(b+d)$
$Z_1-Z_2=(a+jb)-(c+jd)=(a-c)+j(b-d)$

(2) 곱셈

$Z_1=a+jb$, $Z_2=c+jd$ 일 때,
$Z_1 \times Z_2=(a+jb) \times (c+jd)=ac+jad+jbc+j^2bd=(ac-bd)+j(ad+bc)$

↳ $j^2=-1$ 입니다.

(3) 복소수의 나눗셈과 분모의 실수화

분모의 실수화란 분수의 분모가 복소수일 때, 분모, 분자에 각각 분모의 켤레복소수를 곱하여 분모를 실수로 바꾸는 것을 말한다.
$Z_1=a+jb$, $Z_2=c+jd$ 일 때,
$Z_1 \div Z_2 = \dfrac{a+jb}{c+jd} = \dfrac{(a+jb)(c-jd)}{(c+jd)(c-jd)} = \dfrac{(ac+bd)-j(ad-bc)}{c^2+d^2}$

예제 1 두 복소수 $Z_1=3+j$, $Z_2=2+j\sqrt{3}$ 에 대하여 Z_1+Z_2, Z_1-Z_2 의 값을 각각 구하시오.

풀이 | $Z_1+Z_2=(3+j)+(2+j\sqrt{3})=(3+2)+j(1+\sqrt{3}) \fallingdotseq 5+j2.73$
$Z_1-Z_2=(3+j)-(2+j\sqrt{3})=(3-2)+j(1-\sqrt{3}) \fallingdotseq 1-j0.73$

예제 2 두 복소수 $Z_1=\sqrt{2}+j2$, $Z_2=3+j\sqrt{5}$ 에 대하여 $Z_1 \times Z_2$, $\dfrac{Z_1}{Z_2}$ 의 값을 각각 구하시오.

풀이 | $Z_1 \times Z_2 = (\sqrt{2}+j2) \times (3+j\sqrt{5}) = (3\sqrt{2}-2\sqrt{5})+j(\sqrt{10}+6) \fallingdotseq -0.23+j9.16$
$\dfrac{Z_1}{Z_2} = \dfrac{\sqrt{2}+j2}{3+j\sqrt{5}} = \dfrac{(\sqrt{2}+j2)(3-j\sqrt{5})}{(3+j\sqrt{5})(3-j\sqrt{5})} = \dfrac{(3\sqrt{2}+2\sqrt{5})-j(\sqrt{10}-6)}{3^2+(\sqrt{5})^2} \fallingdotseq \dfrac{8.71+j2.84}{14} \fallingdotseq 0.62+j0.2$

NOTE

5. 복소수 표현법

(1) 삼각함수 표현법 $Z=|Z|(\cos\theta+j\sin\theta)$

(2) 지수함수 표현법 $Z=|Z|e^{j\theta}$

(3) 극형식 표현법 $Z=|Z|\angle\theta$

(4) 순시값 표현법 $Z=\sqrt{2}|Z|\sin(\omega t+\theta)$

> 🔍 **더 알아보기** **복소수의 극형식**
>
> 복소평면에서 정의했듯 복소수 $Z=a+jb$에 대하여 복소수의 크기 $|Z|$와 위상 θ는 다음과 같다.
> $$|Z|=\sqrt{a^2+b^2},\ \sin\theta=\frac{b}{|Z|},\ \cos\theta=\frac{a}{|Z|}$$
> 여기서 $a=|Z|\cos\theta$, $b=|Z|\sin\theta$와 같이 나타낼 수 있다.
> 이것을 $Z=a+jb$에 대입하면 $Z=|Z|\cos\theta+j|Z|\sin\theta$이다. 이때 지수함수와 코사인·사인함수 사이의 관계를 나타낸 오일러 공식 $e^{jx}=\cos x+j\sin x$를 이 식에 적용하면 $Z=|Z|(\cos\theta+j\sin\theta)=|Z|e^{j\theta}$이다.
> 복소수의 곱셈과 나눗셈을 극형식으로 계산하면 편리하다.
> (1) 곱셈: 복소수의 크기는 곱하고 위상은 더한다.
> $Z_1\times Z_2=|Z_1|\angle\theta_1\times|Z_2|\angle\theta_2=|Z_1||Z_2|\angle(\theta_1+\theta_2)$
> (2) 나눗셈: 복소수의 크기는 나누고 위상은 뺀다.
> $\dfrac{Z_1}{Z_2}=\dfrac{|Z_1|\angle\theta_1}{|Z_2|\angle\theta_2}=\dfrac{|Z_1|}{|Z_2|}\angle(\theta_1-\theta_2)$

예제 1 $Z=\sqrt{3}+j$를 다른 표현으로 나타내시오.

풀이 $|Z|=\sqrt{(\sqrt{3})^2+1^2}=\sqrt{4}=2$, $\theta=\tan^{-1}\dfrac{1}{\sqrt{3}}=30°$

(1) 삼각함수 표현 $Z=2(\cos 30°+j\sin 30°)$
(2) 지수함수 표현 $Z=2e^{j30°}$
(3) 극형식 표현 $Z=2\angle 30°$
(4) 순시값 표현 $Z=2\sqrt{2}\sin(\omega t+30°)$

예제 2 두 복소수 $Z_1=\sqrt{3}+j$, $Z_2=1+j\sqrt{3}$의 곱을 두 가지 방법으로 구하시오.

풀이 (1) $Z_1\times Z_2=(\sqrt{3}+j)\times(1+j\sqrt{3})=(\sqrt{3}-\sqrt{3})+j(3+1)=j4$
(2) $|Z_1|=\sqrt{(\sqrt{3})^2+1^2}=\sqrt{4}=2$, $|Z_2|=\sqrt{1^2+(\sqrt{3})^2}=\sqrt{4}=2$, $\theta_1=\tan^{-1}\dfrac{1}{\sqrt{3}}=30°$, $\theta_2=\tan^{-1}\sqrt{3}=60°$이므로
$Z_1\times Z_2=|Z_1||Z_2|\angle(\theta_1+\theta_2)=2\times 2\angle(30°+60°)=4\angle 90°=4(\cos 90°+j\sin 90°)=j4$

NOTE

실력 UP 문제

※ 다음 복소수의 크기를 구하시오. (01~03)

01 $Z=3+j4$

02 $Z=6-j8$

03 $Z=-2+j$

※ 다음 복소수의 연산을 하시오. (04~06)

04 $(3-j4)+(6+j8)$

05 $(7+j4)(10+j6)$

06 $\dfrac{5}{3-j4}$

정답 및 풀이

01 $|Z|=\sqrt{3^2+4^2}=\sqrt{9+16}=\sqrt{25}=5$

02 $|Z|=\sqrt{6^2+(-8)^2}=\sqrt{36+64}=\sqrt{100}=10$

03 $|Z|=\sqrt{(-2)^2+1^2}=\sqrt{4+1}=\sqrt{5}$

04 $(3-j4)+(6+j8)=(3+6)-j(4-8)=9+j4$

05 $(7+j4)(10+j6)=70+j42+j40+j^2 24$
$\qquad =(70-24)+j(42+40)$
$\qquad =46+j82$

06 $\dfrac{5}{3-j4}=\dfrac{5\times(3+j4)}{(3-j4)\times(3+j4)}=\dfrac{5(3+j4)}{3^2-(j4)^2}$
$\qquad =\dfrac{5(3+j4)}{9-(-16)}=\dfrac{5(3+j4)}{25}=\dfrac{3+j4}{5}$
$\qquad =0.6+j0.8$

실력 UP 문제

※ 다음을 만족하는 실수 x, y의 값을 각각 구하시오. (07~08)

07 $2x+j(y-2)=6-j2$

08 $(x+j2)+(y+j2x)=7+j4$

전기기능사 기출 미리보기

09 어떤 회로에 $100[V]$의 교류전압을 가하면 $I=4+j3[A]$의 전류가 흐른다. 이 회로의 임피던스$[\Omega]$는 얼마인지 구하시오.

공식 | $Z=\dfrac{V}{I}$

(Z: 임피던스$[\Omega]$, V: 전압$[V]$, I: 전류$[A]$)

전기기능사 기출 미리보기

10 $i=200\sqrt{2}\sin\left(\omega t+\dfrac{\pi}{2}\right)[A]$를 복소수로 표시하시오.

정답 및 풀이

07 실수부는 실수부끼리, 허수부는 허수부끼리 비교한다.
$2x=6$이므로 $x=3$
$y-2=-2$이므로 $y=0$

08 $(x+j2)+(y+j2x)=(x+y)+j(2+2x)=7+j4$
$2+2x=4$이므로 $x=1$
$x+y=7$이므로 $y=6$

09 $Z=\dfrac{100}{4+j3}=\dfrac{100(4-j3)}{(4+j3)(4-j3)}=\dfrac{100(4-j3)}{4^2-(j3)^2}$
$=\dfrac{100(4-j3)}{16-(-9)}=\dfrac{100(4-j3)}{25}=4(4-j3)$
$=16-j12[\Omega]$

10 순시값 $200\sqrt{2}\sin\left(\omega t+\dfrac{\pi}{2}\right)$를 삼각함수로 표현하면
$200\left(\cos\dfrac{\pi}{2}+j\sin\dfrac{\pi}{2}\right)$이다.
$200\left(\cos\dfrac{\pi}{2}+j\sin\dfrac{\pi}{2}\right)=200(0+j)=j200[A]$

CHAPTER 12 행렬

1. 행렬

수 또는 문자를 직사각형 꼴로 배열하여 ( )로 묶은 것을 행렬이라고 한다.

$$M = \begin{pmatrix} a_{11} & a_{12} & \cdots & a_{1n} \\ a_{21} & a_{22} & \cdots & a_{2n} \\ \vdots & \vdots & \vdots & \vdots \\ a_{m1} & a_{m2} & \cdots & a_{mn} \end{pmatrix}$$

(1) 행렬에서 가로줄을 행이라고 하고, 세로줄을 열이라고 한다.
(2) ( ) 안의 수나 문자를 그 행렬의 성분이라고 한다.
(3) 행의 개수가 m, 열의 개수가 n인 행렬을 $m \times n$ 행렬이라고 한다.

2. 행렬값 계산

(1) 2×2 행렬

$$A = \begin{bmatrix} a & b \\ c & d \end{bmatrix} \Rightarrow |A| = ad - bc$$

(2) 3×3 행렬

$$A = \begin{bmatrix} a & b & c \\ d & e & f \\ g & h & i \end{bmatrix} \Rightarrow |A| = aei + bfg + cdh - (ceg + bdi + afh)$$

예제 1 다음 행렬의 값을 구하시오.

(1) $\begin{bmatrix} 5 & 1 \\ 2 & 1 \end{bmatrix}$

(2) $\begin{bmatrix} 1 & 2 & 3 \\ 3 & 0 & 1 \\ 4 & 2 & 2 \end{bmatrix}$

풀이

(1) $\begin{vmatrix} 5 & 1 \\ 2 & 1 \end{vmatrix} = 5 \times 1 - 1 \times 2 = 3$

(2) $\begin{vmatrix} 1 & 2 & 3 \\ 3 & 0 & 1 \\ 4 & 2 & 2 \end{vmatrix} = 1 \times 0 \times 2 + 2 \times 1 \times 4 + 3 \times 3 \times 2 - (3 \times 0 \times 4 + 2 \times 3 \times 2 + 1 \times 1 \times 2) = 26 - 14 = 12$

NOTE

3. 행렬의 합과 차

(1) 행렬의 합

같은 크기의 두 행렬 A, B에 대하여 같은 행·같은 열에 있는 성분의 합을 성분으로 갖는 행렬을 행렬 A와 B의 합이라 하고, $A+B$로 나타낸다.

$$A=\begin{bmatrix} a_{11} & a_{12} \\ a_{21} & a_{22} \end{bmatrix}, B=\begin{bmatrix} b_{11} & b_{12} \\ b_{21} & b_{22} \end{bmatrix} \Rightarrow A+B=\begin{bmatrix} a_{11}+b_{11} & a_{12}+b_{12} \\ a_{21}+b_{21} & a_{22}+b_{22} \end{bmatrix}$$

(2) 행렬의 차

같은 크기의 두 행렬 A, B에 대하여 같은 행·같은 열에 있는 성분의 차를 성분으로 갖는 행렬을 행렬 A와 B의 차라 하고, $A-B$로 나타낸다.

$$A=\begin{bmatrix} a_{11} & a_{12} \\ a_{21} & a_{22} \end{bmatrix}, B=\begin{bmatrix} b_{11} & b_{12} \\ b_{21} & b_{22} \end{bmatrix} \Rightarrow A-B=\begin{bmatrix} a_{11}-b_{11} & a_{12}-b_{12} \\ a_{21}-b_{21} & a_{22}-b_{22} \end{bmatrix}$$

4. 행렬의 실수배

실수 k에 대하여 행렬 A의 각 성분에 k를 곱한 수를 성분으로 갖는 행렬을 행렬 A의 k배라 하고, kA로 나타낸다.

$$A=\begin{bmatrix} a_{11} & a_{12} \\ a_{21} & a_{22} \end{bmatrix} \Rightarrow kA=\begin{bmatrix} ka_{11} & ka_{12} \\ ka_{21} & ka_{22} \end{bmatrix}$$

5. 행렬의 곱

(1) 정의

① 두 행렬 A, B에 대하여 행렬 A와 B의 곱은 A의 열의 개수와 B의 행의 개수가 같을 때만 정의되고, 행렬 A와 B의 곱은 AB로 나타낸다.

② 행렬 A가 $m \times n$ 행렬, 행렬 B가 $n \times l$ 행렬이면 행렬 AB는 $m \times l$ 행렬이다.

(2) 계산방법

① (1×2 행렬)×(2×1 행렬) ➡ (1×1 행렬)

$$[a_1 \ b_1]\begin{bmatrix} a_2 \\ b_2 \end{bmatrix}=[a_1a_2+b_1b_2]$$

② (1×2 행렬)×(2×2 행렬) ➡ (1×2 행렬)

$$[a_1 \ b_1]\begin{bmatrix} a_2 & b_2 \\ c_2 & d_2 \end{bmatrix}=[a_1a_2+b_1c_2 \ \ a_1b_2+b_1d_2]$$

NOTE

③ $(2\times 2$ 행렬$)\times(2\times 1$ 행렬$)$ ➡ $(2\times 1$ 행렬$)$

$$\begin{bmatrix} a_1 & b_1 \\ c_1 & d_1 \end{bmatrix}\begin{bmatrix} a_2 \\ b_2 \end{bmatrix}=\begin{bmatrix} a_1a_2+b_1b_2 \\ c_1a_2+d_1b_2 \end{bmatrix}$$

④ $(2\times 2$ 행렬$)\times(2\times 2$ 행렬$)$ ➡ $(2\times 2$ 행렬$)$

$$\begin{bmatrix} a_1 & b_1 \\ c_1 & d_1 \end{bmatrix}\begin{bmatrix} a_2 & b_2 \\ c_2 & d_2 \end{bmatrix}=\begin{bmatrix} a_1a_2+b_1c_2 & a_1b_2+b_1d_2 \\ c_1a_2+d_1c_2 & c_1b_2+d_1d_2 \end{bmatrix}$$

예제 1 $\begin{bmatrix} 3 & 8 \\ 1 & 4 \end{bmatrix}\begin{bmatrix} 2 & 0 \\ 5 & 3 \end{bmatrix}$을 구하시오.

풀이 $\begin{bmatrix} 3 & 8 \\ 1 & 4 \end{bmatrix}\begin{bmatrix} 2 & 0 \\ 5 & 3 \end{bmatrix}=\begin{bmatrix} 3\times 2+8\times 5 & 3\times 0+8\times 3 \\ 1\times 2+4\times 5 & 1\times 0+4\times 3 \end{bmatrix}=\begin{bmatrix} 46 & 24 \\ 22 & 12 \end{bmatrix}$

6. 역행렬

정사각형 행렬 A에 대하여 $AX=XA=I$를 만족하는 행렬 X를 A의 역행렬이라 하고, A^{-1}로 나타낸다. A^{-1}는 역행렬 A 또는 인버스(inverse) A라고 읽는다.

➡ A^{-1}는 $\dfrac{1}{A}$로 쓰지 않습니다.

$$AA^{-1}=A^{-1}A=I$$

(1) 단위행렬

$I=\begin{bmatrix} 1 & 0 \\ 0 & 1 \end{bmatrix}$과 같이 대각선 아래(↘)의 성분이 모두 1이고, 그 외의 성분은 모두 0인 행렬을 단위행렬이라고 한다.

(2) 역행렬이 존재할 조건(2×2 행렬)

행렬 $A=\begin{bmatrix} a & b \\ c & d \end{bmatrix}$에서 $|A|=ad-bc$일 때,

① $|A|\neq 0$이면 역행렬 A^{-1}가 존재한다.

$$A^{-1}=\dfrac{1}{ad-bc}\begin{bmatrix} d & -b \\ -c & a \end{bmatrix}$$

➡ a와 d는 위치를 바꾸고, b와 c는 부호를 바꿉니다.

② $|A|=0$이면 역행렬 A^{-1}는 존재하지 않는다.

예제 1 행렬 $A=\begin{bmatrix} 3 & 5 \\ 4 & 7 \end{bmatrix}$일 때, 행렬 A의 역행렬이 존재하는지 확인하고, 역행렬이 존재한다면 역행렬 A^{-1}를 구하시오.

풀이 $|A|=3\times 7-5\times 4=1$이므로 역행렬이 존재한다.

$$A^{-1}=\dfrac{1}{3\times 7-5\times 4}\begin{bmatrix} 7 & -5 \\ -4 & 3 \end{bmatrix}=\begin{bmatrix} 7 & -5 \\ -4 & 3 \end{bmatrix}$$

NOTE

실력 UP 문제

※ 다음 행렬의 값을 구하시오. (01~03)

01 $A = \begin{bmatrix} 3 & 2 \\ 1 & 4 \end{bmatrix}$

02 $B = \begin{bmatrix} 1 & -3 \\ 2 & -2 \end{bmatrix}$

03 $C = \begin{bmatrix} 2 & 1 & -1 \\ -2 & 1 & 2 \\ 0 & -1 & 2 \end{bmatrix}$

※ $A = \begin{bmatrix} 1 & 2 \\ 3 & 4 \end{bmatrix}$, $B = \begin{bmatrix} 5 & -6 \\ 7 & -8 \end{bmatrix}$ 일 때, 다음 행렬을 계산하여 구하시오. (04~06)

04 $A+B$

05 $A-B$

06 $3A-2B$

정답 및 풀이

01 $|A| = 3 \times 4 - 2 \times 1 = 10$

02 $|B| = 1 \times (-2) - (-3) \times 2 = -2 - (-6) = 4$

03 $|C| = 2 \times 1 \times 2 + 1 \times 2 \times 0$
$\quad + (-1) \times (-2) \times (-1)$
$\quad - \{(-1) \times 1 \times 0 + 1 \times (-2) \times 2$
$\quad + 2 \times 2 \times (-1)\}$
$= 4 + 0 - 2 - (0 - 4 - 4)$
$= 2 - (-8) = 10$

04 $A+B = \begin{bmatrix} 1+5 & 2+(-6) \\ 3+7 & 4+(-8) \end{bmatrix} = \begin{bmatrix} 6 & -4 \\ 10 & -4 \end{bmatrix}$

05 $A-B = \begin{bmatrix} 1-5 & 2-(-6) \\ 3-7 & 4-(-8) \end{bmatrix} = \begin{bmatrix} -4 & 8 \\ -4 & 12 \end{bmatrix}$

06 $3A-2B = \begin{bmatrix} 3 \times 1 & 3 \times 2 \\ 3 \times 3 & 3 \times 4 \end{bmatrix} - \begin{bmatrix} 2 \times 5 & 2 \times (-6) \\ 2 \times 7 & 2 \times (-8) \end{bmatrix}$
$= \begin{bmatrix} 3 & 6 \\ 9 & 12 \end{bmatrix} - \begin{bmatrix} 10 & -12 \\ 14 & -16 \end{bmatrix}$
$= \begin{bmatrix} 3-10 & 6-(-12) \\ 9-14 & 12-(-16) \end{bmatrix} = \begin{bmatrix} -7 & 18 \\ -5 & 28 \end{bmatrix}$

실력 UP 문제

※ 다음을 계산하시오. (07~09)

07 $[2\ 5]\begin{bmatrix} 1 & -1 \\ 2 & -2 \end{bmatrix}$

08 $\begin{bmatrix} 2 & 1 \\ 1 & 3 \end{bmatrix}\begin{bmatrix} 2 \\ 3 \end{bmatrix}$

09 $\begin{bmatrix} 1 & 3 \\ -5 & 8 \end{bmatrix}\begin{bmatrix} -2 & 4 \\ 1 & 3 \end{bmatrix}$

※ 다음 행렬의 역행렬을 구하시오. (10~12)

10 $A=\begin{bmatrix} 1 & -2 \\ 3 & -6 \end{bmatrix}$

11 $B=\begin{bmatrix} -1 & -3 \\ 3 & 8 \end{bmatrix}$

12 $C=\begin{bmatrix} 6 & 5 \\ 5 & 4 \end{bmatrix}$

정답 및 풀이

07 $[2\ 5]\begin{bmatrix} 1 & -1 \\ 2 & -2 \end{bmatrix}$
$=[2\times1+5\times2 \quad 2\times(-1)+5\times(-2)]$
$=[12 \quad -12]$

08 $\begin{bmatrix} 2 & 1 \\ 1 & 3 \end{bmatrix}\begin{bmatrix} 2 \\ 3 \end{bmatrix}=\begin{bmatrix} 2\times2+1\times3 \\ 1\times2+3\times3 \end{bmatrix}=\begin{bmatrix} 7 \\ 11 \end{bmatrix}$

09 $\begin{bmatrix} 1 & 3 \\ -5 & 8 \end{bmatrix}\begin{bmatrix} -2 & 4 \\ 1 & 3 \end{bmatrix}$
$=\begin{bmatrix} 1\times(-2)+3\times1 & 1\times4+3\times3 \\ (-5)\times(-2)+8\times1 & (-5)\times4+8\times3 \end{bmatrix}$
$=\begin{bmatrix} 1 & 13 \\ 18 & 4 \end{bmatrix}$

10 $|A|=1\times(-6)-(-2)\times3=0$이므로 역행렬은 존재하지 않는다.

11 $|B|=(-1)\times8-(-3)\times3=1$이므로 역행렬이 존재한다.
$B^{-1}=\dfrac{1}{(-1)\times8-(-3)\times3}\begin{bmatrix} 8 & 3 \\ -3 & -1 \end{bmatrix}$
$=\begin{bmatrix} 8 & 3 \\ -3 & -1 \end{bmatrix}$

12 $|C|=6\times4-5\times5=-1$이므로 역행렬이 존재한다.
$C^{-1}=\dfrac{1}{6\times4-5\times5}\begin{bmatrix} 4 & -5 \\ -5 & 6 \end{bmatrix}$
$=-\begin{bmatrix} 4 & -5 \\ -5 & 6 \end{bmatrix}=\begin{bmatrix} -4 & 5 \\ 5 & -6 \end{bmatrix}$

작은 성공부터 시작하라.

성공에 익숙해지면 무슨 목표든지 이룰 수 있다는
자신감이 생긴다.

– 데일 카네기(Dale Carnegie)

CHAPTER 13 로그

1. 로그

양수 a, b(단, $a \neq 1$)에 대하여 $a^x = b$를 만족할 때, $\log_a b = x$라고 나타낼 수 있다. 이때 a는 밑, b는 진수라고 하고, x는 a를 밑으로 하는 b의 로그라고 읽을 수 있다.

예제 1 $\log_2 8 = x$일 때, x의 값을 구하시오.

> **풀이 |** $8 = 2^3$이므로 $x = \log_2 2^3 = 3 \log_2 2 = 3$

2. 로그의 종류

(1) 상용로그

밑이 10인 로그를 상용로그라고 한다. 이때 밑 10을 생략하여 나타낼 수 있다.
$$\log_{10} x = \log x$$

(2) 자연로그

밑이 e인 로그를 자연로그라고 한다. 자연로그 $\log_e$는 $\ln$으로 나타낼 수 있다.
$$\log_e x = \ln x$$

참고로 $e = 1 + \dfrac{1}{1!} + \dfrac{1}{2!} + \dfrac{1}{3!} + \cdots + \dfrac{1}{n!} + \cdots = 2.71828\cdots$이다.

—— $n!$은 $n \times (n-1) \times (n-2) \times \cdots \times 2 \times 1$을 의미합니다.

계산기 TIP
공통 상용로그와 자연로그는 각각 $\boxed{\log}$ 버튼과 $\boxed{\ln}$ 버튼으로 입력할 수 있다.

3. 로그의 성질 (단, $a>0$, $a\neq 1$, $x>0$, $y>0$)

(1) $\log_a a = 1$

(2) $\log_a 1 = 0$

(3) $\log_a x^n = n \log_a x$ (단, n은 실수)

(4) $\log_a x + \log_a y = \log_a xy$

(5) $\log_a x - \log_a y = \log_a \dfrac{x}{y}$

(6) $\log_x y = \dfrac{\log_a y}{\log_a x}$ (단, $x \neq 1$)

예제 1 $\log 1{,}000 + \log 100$을 계산하시오.

> 풀이 | $\log 1{,}000 = \log_{10} 10^3 = 3 \log_{10} 10 = 3$, $\log 100 = \log_{10} 10^2 = 2 \log_{10} 10 = 2$이므로
> $\log 1{,}000 + \log 100 = 3 + 2 = 5$

계산기 TIP
CASIO, UNIONE
로그는 $\boxed{\log_\blacksquare \square}$ 버튼을 이용하여 입력할 수 있다.
$\log_3 2$ ➡ $\boxed{\log_\blacksquare \square}$ $\boxed{3}$ $\boxed{\blacktriangleright}$ $\boxed{2}$ ➡ $0.6309\cdots$

계산기 TIP
SHARP
로그의 성질을 이용하여 $\log_3 2$를 입력할 수 있다.
$\log_3 2 = \dfrac{\log 2}{\log 3}$ ➡ $\boxed{(}$ $\boxed{\log}$ $\boxed{2}$ $\boxed{)}$ $\boxed{a^b/_c}$ $\boxed{(}$ $\boxed{\log}$ $\boxed{3}$ $\boxed{)}$ ➡ $0.6309\cdots$

NOTE

실력 UP 문제

※ 다음 식에서 x의 값을 구하시오. (01~03)

01 $\log_2 32 = x$

02 $\log_3 81 = x$

03 $\log_5 125 = x$

※ 다음을 계산하시오. (04~07)

04 $\log_2 16 + \log_3 27 + \log_4 1$

05 $\log_3 36 + \log_3 \dfrac{1}{4}$

06 $\log_7 49^3 + \log_2 72 - \log_2 9$

07 $\log \dfrac{1}{10} - \log 100$

정답 및 풀이

01 $32 = 2^5$이므로 $x = \log_2 2^5 = 5 \log_2 2 = 5$

02 $81 = 3^4$이므로 $x = \log_3 3^4 = 4 \log_3 3 = 4$

03 $125 = 5^3$이므로 $x = \log_5 5^3 = 3 \log_5 5 = 3$

04 $\log_2 16 + \log_3 27 + \log_4 1$
$= \log_2 2^4 + \log_3 3^3 + \log_4 1$
$= 4 \log_2 2 + 3 \log_3 3 + \log_4 1$
$= 4 + 3 + 0 = 7$

05 $\log_3 36 + \log_3 \dfrac{1}{4}$
$= \log_3 \left(36 \times \dfrac{1}{4}\right)$
$= \log_3 9 = \log_3 3^2 = 2 \log_3 3 = 2$

06 $\log_7 49^3 + \log_2 72 - \log_2 9$
$= 3 \log_7 49 + \log_2 \dfrac{72}{9} = 3 \log_7 7^2 + \log_2 2^3$
$= 3 \times 2 \log_7 7 + 3 \log_2 2 = 3 \times 2 + 3 = 9$

07 $\log \dfrac{1}{10} - \log 100$
$= \log 10^{-1} - \log 10^2 = -\log 10 - 2 \log 10$
$= -1 - 2 = -3$

CHAPTER 14 극한

1. 수열

어떤 규칙에 따라 차례로 수가 나열된 것을 수열이라고 한다. 수열에서 나열된 각 수를 항이라고 하며, n째항 a_n을 일반항이라고 한다. 또, $\{a_n\}$은 일반항이 a_n인 수열을 의미한다.

2. 수렴과 발산

(1) 수렴

수열 $\{a_n\}$에서 n이 한없이 커질 때 일정한 값 α에 한없이 가까워지면 수열 $\{a_n\}$은 α에 수렴한다. 이때 α는 수열 $\{a_n\}$의 극한값이라고 한다.

$$\lim_{n \to \infty} a_n = \alpha$$

(2) 발산

수열이 수렴하지 않을 때 그 수열은 발산한다.

① 양의 무한대로 발산

수열 $\{a_n\}$에서 n이 한없이 커질 때, 일반항 a_n이 한없이 커지면 수열 $\{a_n\}$은 양의 무한대로 발산한다.

$$\lim_{n \to \infty} a_n = \infty$$

② 음의 무한대로 발산

수열 $\{a_n\}$에서 n이 한없이 커질 때, 일반항 a_n이 음수이면서 절댓값이 한없이 커지면 수열 $\{a_n\}$은 음의 무한대로 발산한다.

$$\lim_{n \to \infty} a_n = -\infty$$

③ 진동

수열 $\{a_n\}$에서 n이 한없이 커질 때 일반항 a_n의 값이 수렴하지도 않고, 양의 무한대 또는 음의 무한대로 발산하지도 않으면 수열 $\{a_n\}$은 진동한다.

예제 1 다음 수열의 수렴, 발산을 조사하시오.

(1) 1, 2, 3, 4, 5, …   (2) −3, −6, −9, −12, −15, …

풀이 | (1) 각 항이 한없이 커지므로 양의 무한대로 발산한다.
(2) 각 항이 음수이면서 절댓값이 한없이 커지므로 음의 무한대로 발산한다.

NOTE

3. 극한의 성질

(1) $\infty + a = \infty$, $\infty - a = \infty$ (단, a는 상수)

(2) $\infty + \infty = \infty$

(3) $a \times \infty = \infty$, $-a \times \infty = -\infty$ (단, a는 양의 실수)

(4) $\sqrt{\infty} = \infty$

(5) $\dfrac{a}{\infty} = 0$ (단, a는 상수)

(6) $\dfrac{\infty}{a} = \infty$, $\dfrac{\infty}{-a} = -\infty$ (단, a는 양의 실수)

> **🔍 더 알아보기** **함수의 극한값**
>
> (1) $\dfrac{0}{0}$ 꼴: 분모와 분자를 인수분해한 뒤 약분하여 구할 수 있다.
>
> $$\lim_{x \to -1} \dfrac{x^2 + 2x + 1}{x+1} = \lim_{x \to -1} \dfrac{(x+1)^2}{x+1} = \lim_{x \to -1} (x+1) = (-1) + 1 = 0$$
>
> (2) $\dfrac{\infty}{\infty}$ 꼴: 분모의 최고차항으로 분모와 분자를 나누어 구할 수 있다.
>
> $$\lim_{x \to \infty} \dfrac{2x+1}{x+2} = \lim_{x \to \infty} \dfrac{2 + \dfrac{1}{x}}{1 + \dfrac{2}{x}} = \dfrac{2+0}{1+0} = 2$$

NOTE

실력 UP 문제

※ 다음 함수의 극한값을 구하시오. (01~03)

01 $\lim_{x \to \infty} \dfrac{x^2+3x}{x+2}$

02 $\lim_{x \to \infty} \dfrac{2x^2+5x+1}{3x^2+4}$

03 $\lim_{x \to \infty} \dfrac{5x+1}{x^2+3x+2}$

※ 다음 함수의 극한값을 구하시오. (04~05)

04 $\lim_{x \to 0} \dfrac{x^2+5x}{x}$

05 $\lim_{x \to -3} \dfrac{x+3}{x^2+4x+3}$

정답 및 풀이

01 $\dfrac{\infty}{\infty}$ 꼴이고, 분모의 차수는 1차이므로 분모와 분자를 각각 x로 나눈다.

$\lim_{x \to \infty} \dfrac{x^2+3x}{x+2} = \lim_{x \to \infty} \dfrac{x+3}{1+\dfrac{2}{x}} = \dfrac{\infty}{1+0} = \infty$

02 $\dfrac{\infty}{\infty}$ 꼴이고, 분모의 차수는 2차이므로 분모와 분자를 각각 x^2으로 나눈다.

$\lim_{x \to \infty} \dfrac{2x^2+5x+1}{3x^2+4} = \lim_{x \to \infty} \dfrac{2+\dfrac{5}{x}+\dfrac{1}{x^2}}{3+\dfrac{4}{x^2}}$

$= \dfrac{2+0+0}{3+0} = \dfrac{2}{3}$

03 $\dfrac{\infty}{\infty}$ 꼴이고, 분모의 차수는 2차이므로 분모와 분자를 각각 x^2으로 나눈다.

$\lim_{x \to \infty} \dfrac{5x+1}{x^2+3x+2} = \lim_{x \to \infty} \dfrac{\dfrac{5}{x}+\dfrac{1}{x^2}}{1+\dfrac{3}{x}+\dfrac{2}{x^2}}$

$= \dfrac{0+0}{1+0+0} = 0$

04 $\lim_{x \to 0} \dfrac{x^2+5x}{x} = \lim_{x \to 0} \dfrac{x(x+5)}{x} = \lim_{x \to 0} (x+5)$

$= 0+5 = 5$

05 $\lim_{x \to -3} \dfrac{x+3}{x^2+4x+3} = \lim_{x \to -3} \dfrac{x+3}{(x+1)(x+3)}$

$= \lim_{x \to -3} \dfrac{1}{x+1} = \dfrac{1}{-3+1} = -\dfrac{1}{2}$

CHAPTER 15 미분

1. 평균변화율과 순간변화율(미분계수)

(1) 평균변화율

함수 $y=f(x)$에서 x의 값이 a에서 b까지 변할 때 $\dfrac{y\text{값의 변화량}}{x\text{값의 변화량}}$을 구간 $[a, b]$에서의 평균변화율이라 한다.
→ a 이상 b 이하를 의미합니다.

$$\frac{\Delta y}{\Delta x} = \frac{f(b)-f(a)}{b-a}$$

(2) 순간변화율(미분계수)

$$\lim_{\Delta x \to 0} \frac{\Delta y}{\Delta x} = \lim_{b \to a} \frac{f(b)-f(a)}{b-a} = \lim_{x \to a} \frac{f(x)-f(a)}{x-a}$$를 $x=a$에서의 순간변화율 또는 미분계수라 하고, $f'(a)$로 나타낸다.

2. 도함수

$f'(x) = \lim\limits_{\Delta x \to 0} \dfrac{f(x+\Delta x)-f(x)}{\Delta x}$를 함수 $f(x)$의 도함수라 하고, y', $f'(x)$, $\dfrac{dy}{dx}$, $\dfrac{d}{dx}f(x)$ 등으로 나타낼 수 있다.
또, 함수 $f(x)$의 도함수를 구하는 것을 $f(x)$를 미분한다고 한다.

3. 미분 기본 공식

두 함수 $f(x)$, $g(x)$가 미분가능할 때,

(1) $y=c$ (단, c는 상수) ➡ $y'=0$

(2) $y=x^n$ ➡ $y'=nx^{n-1}$

(3) $y=cf(x)$ (단, c는 상수) ➡ $y'=cf'(x)$

(4) $y=f(x)+g(x)$ ➡ $y'=f'(x)+g'(x)$
    $y=f(x)-g(x)$ ➡ $y'=f'(x)-g'(x)$

(5) $y=f(x)g(x)$ ➡ $y'=f'(x)g(x)+f(x)g'(x)$

(6) $y=\dfrac{g(x)}{f(x)}$ ➡ $y'=\dfrac{g'(x)f(x)-g(x)f'(x)}{\{f(x)\}^2}$

(7) $y=\{f(x)\}^n$ ➡ $y'=n\{f(x)\}^{n-1}f'(x)$

NOTE

예제 1 다음 함수를 미분하시오.

(1) $y=5$ (2) $y=4x^5$ (3) $y=5x^4+2x^3$

(4) $y=(4x^2+9x)3x^3$ (5) $y=\dfrac{1}{x^2}$ (6) $y=(3x^2+8x)^2$

풀이 | (1) $y'=0$ (2) $y'=4\times 5x^{5-1}=20x^4$
(3) $y'=5\times 4x^{4-1}+2\times 3x^{3-1}=20x^3+6x^2$
(4) $y'=(4x^2+9x)'\times 3x^3+(4x^2+9x)\times(3x^3)'=(8x+9)\times 3x^3+(4x^2+9x)\times 9x^2$
    $=24x^4+27x^3+36x^4+81x^3=60x^4+108x^3$
(5) $y'=\dfrac{1'\times x^2-1\times (x^2)'}{(x^2)^2}=\dfrac{0-2x}{x^4}=-\dfrac{2}{x^3}$
(6) $y'=2\times(3x^2+8x)\times(3x^2+8x)'=(6x^2+16x)\times(6x+8)=36x^3+144x^2+128x$

4. 합성함수의 미분

미분가능한 두 함수 $y=f(u)$, $u=g(x)$에 대하여 합성함수 $y=f(g(x))$의 도함수는 $\dfrac{dy}{dx}=\dfrac{dy}{du}\times\dfrac{du}{dx}$로 구할 수 있다.

↳ $y'=f'(g(x))g'(x)$와 같이 나타낼 수도 있습니다.

예제 1 $y=(2x^2+3x)^2+2$를 미분하시오.

풀이 | $u=2x^2+3x$로 놓으면 $y=u^2+2$이다.
$\dfrac{dy}{du}=(u^2+2)'=2u$, $\dfrac{du}{dx}=(2x^2+3x)'=4x+3$이므로
$\dfrac{dy}{dx}=\dfrac{dy}{du}\times\dfrac{du}{dx}=2u\times(4x+3)=2(2x^2+3x)\times(4x+3)$
                    $=(4x^2+6x)\times(4x+3)=16x^3+36x^2+18x$

5. 삼각함수의 미분

(1) $y=\sin x \Rightarrow y'=\cos x$ (2) $y=\sin ax \Rightarrow y'=a\cos ax$ (단, a는 상수)
(3) $y=\cos x \Rightarrow y'=-\sin x$ (4) $y=\cos ax \Rightarrow y'=-a\sin ax$ (단, a는 상수)
(5) $y=\tan x \Rightarrow y'=\sec^2 x$ (6) $y=\cot x \Rightarrow y'=-\csc^2 x$

예제 1 $y=\cos 2x$일 때, y'를 구하시오.

풀이 | $y'=-2\sin 2x$

NOTE

6. 지수 · 로그함수의 미분

(1) $y=a^x \Rightarrow y'=a^x \ln a$ (단, $a>0$, $a \neq 1$)

(2) $y=e^x \Rightarrow y'=e^x$

(3) $y=e^{ax} \Rightarrow y'=ae^{ax}$

(4) $y=\ln x \Rightarrow y'=\dfrac{1}{x}$

예제 1 $f(x)=\dfrac{\ln x}{x}$ 일 때, $f'(x)$를 구하시오.

풀이 |
$$f'(x)=\frac{(\ln x)' \times x - \ln x \times x'}{x^2}=\frac{\dfrac{1}{x} \times x - \ln x}{x^2}=\frac{1-\ln x}{x^2}$$

7. 편미분

변수가 2개 이상일 때 미분하는 것으로 하나의 변수에 대해 나머지 변수의 값을 상수로 보고, 정해진 한 변수에 대해서만 미분한다.

예제 1 $f=x^2y+2x$ 일 때, $\dfrac{\partial f}{\partial x}$와 $\dfrac{\partial f}{\partial y}$를 각각 구하시오.

풀이 | $\dfrac{\partial f}{\partial x}$는 y를 상수로 보므로 x에 대해서만 미분한다.

$\dfrac{\partial}{\partial x}(x^2y+2x)=2xy+2$

$\dfrac{\partial f}{\partial y}$는 x를 상수로 보므로 y에 대해서만 미분한다.

$\dfrac{\partial}{\partial y}(x^2y+2x)=x^2$

NOTE

실력 UP 문제

※ 다음을 미분하시오. (01~03)

01 $y = 3x^3 - 2x^2 + 4x - 1$

02 $y = (x^2 + 1)(2x + 3)$

03 $y = 2(3x + 5)^4$

※ 다음을 합성함수로 나타내어 미분하시오. (04~06)

04 $y = (5x^2 + 2)^3$

05 $y = \cos 3x$

06 $y = \sin(2x^2 + 1)$

※ 다음을 미분하시오. (07~08)

07 $y = 3^x$

08 $y = 2e^{4x}$

정답 및 풀이

01 $y' = 3 \times 3x^2 - 2 \times 2x + 4 = 9x^2 - 4x + 4$

02 $y' = (x^2 + 1)' \times (2x + 3) + (x^2 + 1) \times (2x + 3)'$
$= 2x \times (2x + 3) + (x^2 + 1) \times 2$
$= 4x^2 + 6x + 2x^2 + 2 = 6x^2 + 6x + 2$

03 $y' = 2 \times 4(3x + 5)^3 \times (3x + 5)'$
$= 2 \times 4(3x + 5)^3 \times 3 = 24(3x + 5)^3$

04 $u = 5x^2 + 2$라 하면 $y = u^3$이다.
$\dfrac{dy}{du} = 3u^2$, $\dfrac{du}{dx} = 10x$이므로
$\dfrac{dy}{dx} = \dfrac{dy}{du} \times \dfrac{du}{dx} = 3u^2 \times 10x$
$= 3(5x^2 + 2)^2 \times 10x = 30x(5x^2 + 2)^2$

05 $u = 3x$라 하면 $y = \cos u$이다.
$\dfrac{dy}{du} = -\sin u$, $\dfrac{du}{dx} = 3$이므로
$\dfrac{dy}{dx} = \dfrac{dy}{du} \times \dfrac{du}{dx} = -\sin u \times 3 = -3\sin 3x$

06 $u = 2x^2 + 1$이라 하면 $y = \sin u$이다.
$\dfrac{dy}{du} = \cos u$, $\dfrac{du}{dx} = 4x$이므로
$\dfrac{dy}{dx} = \dfrac{dy}{du} \times \dfrac{du}{dx} = \cos u \times 4x = 4x \cos(2x^2 + 1)$

07 $y' = 3^x \ln 3$

08 $y' = 2 \times 4e^{4x} = 8e^{4x}$

CHAPTER 16 적분

1. 부정적분

함수 $f(x)$에 대해 $f(x)$가 $F(x)$의 x에 대한 미분값이라면 $\dfrac{d}{dx}F(x)=f(x)$가 성립하고, 이때 $F(x)$를 $f(x)$의 원시함수라고 한다.

$F(x)$가 $f(x)$의 원시함수라면 임의의 상수 C에 대하여 $F(x)+C$도 $f(x)$의 원시함수이다. $F(x)+C$를 다음과 같이 나타낼 때, $f(x)$의 x에 대한 부정적분이라고 한다. 또한 임의의 상수 C는 적분상수라고 한다.

$$\int f(x)dx = F(x)+C \ (C\text{는 적분상수})$$

기호 $\int$은 Sum의 글자 S를 변형한 것이며 인테그랄(integral)이라고 읽습니다.

2. 부정적분 기본 공식 (C는 적분상수)

(1) $\int c\,dx = cx+C$ (단, c는 상수)

(2) $\int x^n dx = \dfrac{1}{n+1}x^{n+1}+C$ (단, $n\neq -1$)

(3) $\int \{f(x)+g(x)\}dx = \int f(x)dx + \int g(x)dx$

(4) $\int cf(x)dx = c\int f(x)dx$ (단, c는 상수)

예제 1 다음 부정적분을 구하시오.

(1) $\int 5\,dx$ (2) $\int (x^4+x^3)dx$ (3) $\int 3x^2 dx$

풀이
(1) $\int 5\,dx = 5x+C$ (C는 적분상수)
(2) $\int (x^4+x^3)dx = \int x^4 dx + \int x^3 dx = \dfrac{1}{5}x^5 + \dfrac{1}{4}x^4 + C$ (C는 적분상수)
(3) $\int 3x^2 dx = 3\int x^2 dx = 3\times \dfrac{1}{3}x^3 + C = x^3 + C$ (C는 적분상수)

NOTE

3. 삼각함수의 부정적분 (C는 적분상수)

(1) $\int \sin x \, dx = -\cos x + C$

(2) $\int \sin ax \, dx = -\dfrac{1}{a} \cos ax + C$ (단, a는 상수)

(3) $\int \cos x \, dx = \sin x + C$

(4) $\int \cos ax \, dx = \dfrac{1}{a} \sin ax + C$ (단, a는 상수)

(5) $\int \sec^2 x \, dx = \tan x + C$

(6) $\int \csc^2 x \, dx = -\cot x + C$

예제 1 부정적분 $\int (2\cos x + \sin 2x) dx$를 구하시오.

풀이 | $\int (2\cos x + \sin 2x) dx = 2\int \cos x \, dx + \int \sin 2x \, dx = 2\sin x - \dfrac{1}{2}\cos 2x + C$ (C는 적분상수)

4. 지수 · 로그함수의 부정적분 (C는 적분상수)

(1) $\int \dfrac{1}{x} dx = \ln|x| + C$

(2) $\int e^x \, dx = e^x + C$

(3) $\int e^{ax} \, dx = \dfrac{1}{a} e^{ax} + C$ (단, a는 상수)

5. 정적분

면적 S를 다음과 같이 정의하며, 이와 같이 구간이 정해진 적분을 정적분이라고 한다.

$$S = \int_a^b f(x) dx = [F(x)]_a^b = F(b) - F(a)$$

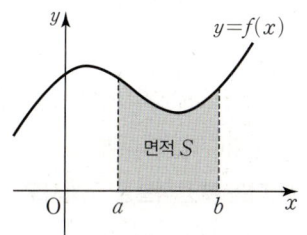

예제 1 $\int_1^3 (t^3 + 3t^2) dt$의 정적분값을 구하시오.

풀이 | $\int_1^3 (t^3 + 3t^2) dt = \left[\dfrac{1}{4}t^4 + t^3\right]_1^3 = \left(\dfrac{1}{4} \times 3^4 + 3^3\right) - \left(\dfrac{1}{4} \times 1^4 + 1^3\right) = \dfrac{189}{4} - \dfrac{5}{4} = \dfrac{184}{4} = 46$

계산기 TIP

CASIO, UNIONE 정적분값은 $\int_\square^\square \square$ 버튼을 이용하여 구할 수 있다.

$\int_0^1 (x^2 + 2x) dx$ ➡ $\int_\square^\square \square$ ALPHA) x^2 + 2 ALPHA) ▼ 0 ▲ 1 = ➡ $\dfrac{4}{3}$

NOTE

실력 UP 문제

※ 다음 부정적분을 구하시오. (01~03)

01 $\int (x+2)dx$

02 $\int x^3 dx$

03 $\int 5(x^2+1)dx$

※ 다음 부정적분을 구하시오. (04~06)

04 $\int (\sin 2x + \cos 2x)dx$

05 $\int \dfrac{3}{x} dx$

06 $\int (e^{2x}+e^x)dx$

정답 및 풀이

01 $\int (x+2)dx = \int x\,dx + \int 2\,dx$
$= \dfrac{1}{2}x^2 + 2x + C$ (C는 적분상수)

02 $\int x^3 dx = \dfrac{1}{4}x^4 + C$ (C는 적분상수)

03 $\int 5(x^2+1)dx$
$= 5\int (x^2+1)dx = 5\int x^2 dx + \int 5\,dx$
$= 5 \times \dfrac{1}{3}x^3 + 5x + C$
$= \dfrac{5}{3}x^3 + 5x + C$ (C는 적분상수)

04 $\int (\sin 2x + \cos 2x)dx$
$= \int \sin 2x\,dx + \int \cos 2x\,dx$
$= -\dfrac{1}{2}\cos 2x + \dfrac{1}{2}\sin 2x + C$ (C는 적분상수)

05 $\int \dfrac{3}{x} dx = 3\int \dfrac{1}{x} dx$
$= 3\ln|x| + C$ (C는 적분상수)

06 $\int (e^{2x}+e^x)dx$
$= \int e^{2x} dx + \int e^x dx$
$= \dfrac{1}{2}e^{2x} + e^x + C$ (C는 적분상수)

실력 UP 문제

07 도함수가 $f'(x)=2x^2+x-4$인 함수 $f(x)$를 구하시오. (단, $f(0)=0$이다.)

※ 다음 정적분 값을 구하시오. (08~10)

08 $\int_0^2 (2x+1)\,dx$

09 $\int_2^5 (x+3)(3x-1)\,dx$

10 $\int_{\frac{\pi}{6}}^{\frac{\pi}{3}} \sec^2 x\,dx$

전기기사 기출 미리보기

11 그림과 같이 주기 파형의 전류 $i(t)=10e^{-100t}$ [A]의 평균값은 약 몇 [A]인지 구하시오.

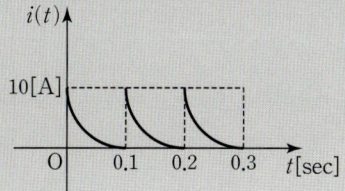

공식 | $I_a = \dfrac{1}{T}\int_0^T i(t)\,dt$

(I_a: 전류의 평균값 [A], T: 주기 [sec], $i(t)$: 시간에 대한 전류함수 [A])
주기란 똑같은 모양이 일정한 간격을 두고 반복될 때, 그 간격을 말한다.

정답 및 풀이

07 $f(x) = \int f'(x)\,dx$이므로

$f(x) = \int (2x^2+x-4)\,dx$

$= 2\int x^2\,dx + \int x\,dx - \int 4\,dx$

$= \dfrac{2}{3}x^3 + \dfrac{1}{2}x^2 - 4x + C$ (C는 적분상수)

$f(0)=0$이므로 $C=0$이다.

따라서 $f(x) = \dfrac{2}{3}x^3 + \dfrac{1}{2}x^2 - 4x$이다.

08 $\int_0^2 (2x+1)\,dx = [x^2+x]_0^2 = (2^2+2) - 0 = 6$

09 $\int_2^5 (x+3)(3x-1)\,dx$

$= \int_2^5 (3x^2+8x-3)\,dx$

$= [x^3+4x^2-3x]_2^5$

$= (5^3+4\times 5^2 - 3\times 5) - (2^3+4\times 2^2 - 3\times 2)$

$= 210 - 18 = 192$

10 $\int_{\frac{\pi}{6}}^{\frac{\pi}{3}} \sec^2 x\,dx = [\tan x]_{\frac{\pi}{6}}^{\frac{\pi}{3}}$

$= \tan \dfrac{\pi}{3} - \tan \dfrac{\pi}{6}$

$= \sqrt{3} - \dfrac{1}{\sqrt{3}} = \dfrac{2\sqrt{3}}{3}$

11 그래프가 0.1초 간격으로 반복되므로 주기 T는 0.1이다.

$I_a = \dfrac{1}{0.1}\int_0^{0.1} 10e^{-100t}\,dt$

$= \dfrac{1}{0.1}\times 10 \int_0^{0.1} e^{-100t}\,dt$

$= 100 \times \left[-\dfrac{1}{100}e^{-100t}\right]_0^{0.1}$

$= 100 \times \left\{-\dfrac{1}{100}e^{-10} - \left(-\dfrac{1}{100}e^0\right)\right\}$

$= 100 \times \left(-\dfrac{1}{100}\right)(e^{-10} - e^0)$

$= -e^{-10} + 1 ≒ 1$ [A]

CHAPTER 17 라플라스 변환

1. 라플라스 변환

라플라스 변환은 실수 t에 대한 함수 $f(t)$를 복소수 $s=a+jb$에 대한 함수 $F(s)$로 변환하는 것이다.

$$F(s) = \mathcal{L}[f(t)] = \int_0^\infty e^{-st} f(t) dt$$

2. 라플라스 변환표

$f(t)$	$F(s)=\mathcal{L}[f(t)]$	$f(t)$	$F(s)=\mathcal{L}[f(t)]$
1	$\dfrac{1}{s}$	e^{-at}	$\dfrac{1}{s+a}$
t	$\dfrac{1}{s^2}$	$t^n e^{at}$	$\dfrac{n!}{(s-a)^{n+1}}$
t^n	$\dfrac{n!}{s^{n+1}}$	$\sin at$	$\dfrac{a}{s^2+a^2}$
e^{at}	$\dfrac{1}{s-a}$	$\cos at$	$\dfrac{s}{s^2+a^2}$

예제 1 다음을 구하시오.

(1) $\mathcal{L}[e^{2t}]$ (2) $\mathcal{L}[3t+2]$ (3) $\mathcal{L}[\sin at + \cos at]$

풀이
(1) $\mathcal{L}[e^{2t}] = \dfrac{1}{s-2}$ (2) $\mathcal{L}[3t+2] = 3\mathcal{L}[t] + \mathcal{L}[2] = \dfrac{3}{s^2} + \dfrac{2}{s}$

(3) $\mathcal{L}[\sin at + \cos at] = \mathcal{L}[\sin at] + \mathcal{L}[\cos at] = \dfrac{a}{s^2+a^2} + \dfrac{s}{s^2+a^2} = \dfrac{s+a}{s^2+a^2}$

3. 라플라스 역변환

2의 표를 이용하여 라플라스 변환으로부터 원래 함수를 찾을 수 있다.

$$f(t) = \mathcal{L}^{-1}[F(s)]$$

NOTE

실력 UP 문제

※ 다음의 라플라스 변환을 구하시오. (01~02)

01 $\mathcal{L}[3e^{3t}]$

02 $\mathcal{L}[t^3 e^{2t}]$

※ 다음의 라플라스 역변환을 구하시오. (03~04)

03 $\mathcal{L}^{-1}\left[\dfrac{2}{s^2+2^2}\right]$

04 $\mathcal{L}^{-1}\left[\dfrac{s}{s^2+9}\right]$

전기공사기사 기출 미리보기

05 $f(t) = e^{j\omega t}$의 라플라스 변환을 구하시오.

화공기사 기출 미리보기

06 $F(s) = \dfrac{5}{s^2+3}$의 라플라스 역변환을 구하시오.

정답 및 풀이

01 $\mathcal{L}[3e^{3t}] = 3\mathcal{L}[e^{3t}] = 3 \times \dfrac{1}{s-3} = \dfrac{3}{s-3}$

02 $\mathcal{L}[t^3 e^{2t}] = \dfrac{3!}{(s-2)^4} = \dfrac{6}{(s-2)^4}$

03 $\mathcal{L}^{-1}\left[\dfrac{2}{s^2+2^2}\right] = \sin 2t$

04 $\mathcal{L}^{-1}\left[\dfrac{s}{s^2+9}\right] = \mathcal{L}^{-1}\left[\dfrac{s}{s^2+3^2}\right] = \cos 3t$

05 $\mathcal{L}[f(t)] = \mathcal{L}[e^{j\omega t}] = \dfrac{1}{s-j\omega}$

06 $F(s) = \dfrac{5}{s^2+3} = \dfrac{\frac{5}{\sqrt{3}} \times \sqrt{3}}{s^2+(\sqrt{3})^2}$

$= \dfrac{5}{\sqrt{3}} \times \dfrac{\sqrt{3}}{s^2+(\sqrt{3})^2}$

$\mathcal{L}^{-1}[F(s)] = \dfrac{5}{\sqrt{3}} \sin \sqrt{3}\, t$

PART 02
기초전기

부족한 전기기초를
확실하게 잡아준다!

CHAPTER	
01. 단위	104
02. 전기·자기 단위	108
03. 전기 용어	110
04. 전기 공식	114

CHAPTER 01 단위

1. 그리스 문자

문자		명칭		문자		명칭	
대문자	소문자	영어	한글	대문자	소문자	영어	한글
A	α	alpha	알파	N	ν	nu	뉴
B	β	beta	베타	Ξ	ξ	xi	크사이
Γ	γ	gamma	감마	O	o	omicron	오미크론
Δ	δ	delta	델타	Π	π	pi	파이
E	ε	epsilon	엡실론	P	ρ	rho	로
Z	ζ	zeta	제타	Σ	σ	sigma	시그마
H	η	eta	에타	T	τ	tau	타우
Θ	θ	theta	세타	Y	υ	upsilon	입실론
I	ι	iota	요타	Φ	ϕ	phi	파이
K	$\varkappa$	kappa	카파	X	χ	chi	카이
Λ	λ	lambda	람다	Ψ	ψ	psi	프사이
M	μ	mu	뮤	Ω	ω	omega	오메가

2. SI 유도단위

(1) SI 기본단위

국제단위계(SI)에서 7가지 물리량을 기본량이라 정하고, 기본량에 단위와 명칭, 기호를 부여한 것이 SI 기본단위이다. 기본단위에는 길이[m], 질량[kg], 시간[s], 전류[A], 온도[K], 물질량[mol], 광도[cd]가 있다.

NOTE

(2) SI 유도단위

기본단위를 조합해 만들어진 단위이다. 유도단위에도 고유 명칭과 기호가 있다.

물리량	명칭	단위	SI 단위	다른 단위
진동수, 주파수	헤르츠	[Hz]	$[s^{-1}]$	
힘, 무게	뉴턴	[N]	$[kg \cdot m/s^2]$	
압력, 응력	파스칼	[Pa]	$[kg/m \cdot s^2]$	$[N/m^2]$
일, 열량, 전력량	줄	[J]	$[m^2 \cdot kg/s^2]$	$[N \cdot m] = [W \cdot s]$
일률, 전력	와트	[W]	$[m^2 \cdot kg/s^3]$	$[J/s]$
전하량	쿨롱	[C]	$[A \cdot s]$	
전압, 전위	볼트	[V]	$[m^2 \cdot kg/s^3 \cdot A]$	$[W/A] = [J/C]$
전기 용량, 정전 용량	패럿	[F]	$[s^4 \cdot A^2/m^2 \cdot kg]$	$[C/V]$
전기 저항, 임피던스	옴	[Ω]	$[m^2 \cdot kg/s^3 \cdot A^2]$	$[V/A]$
전도율(도전율), 컨덕턴스	지멘스	[S]	$[s^3 \cdot A^2/m^2 \cdot kg]$	$[A/V] = [℧]$
자기 선속	웨버	[Wb]	$[m^2 \cdot kg/s^2 \cdot A]$	$[J/A] = [V \cdot s]$
자기장 세기, 자기 선속밀도	테슬라	[T]	$[kg/s^2 \cdot A]$	$[Wb/m^2]$
인덕턴스	헨리	[H]	$[m^2 \cdot kg/s^2 \cdot A^2]$	$[Wb/A]$
섭씨 온도	섭씨	[℃]	$[K] = [℃] + 273.15$	

℧는 모(mho)라고 읽으며 옴의 역수($Ω^{-1}$)와 같습니다.

3. SI 접두어

기호	명칭	인자	기호	명칭	인자
E	엑사(exa)	10^{18}	d	데시(deci)	10^{-1}
P	페타(peta)	10^{15}	c	센티(centi)	10^{-2}
T	테라(tera)	10^{12}	m	밀리(milli)	10^{-3}
G	기가(giga)	10^{9}	μ	마이크로(micro)	10^{-6}
M	메가(mega)	10^{6}	n	나노(nano)	10^{-9}
k	킬로(kilo)	10^{3}	p	피코(pico)	10^{-12}
h	헥토(hecto)	10^{2}	f	펨토(femto)	10^{-15}
da	데카(deca)	10^{1}	a	아토(atto)	10^{-18}

예제 1 다음을 [m] 단위로 나타내시오.

(1) 3 [mm] (2) 3 [cm] (3) 3 [km]

풀이 | (1) 1 [mm] = 10^{-3} [m]이므로 3 [mm] = 3×10^{-3} [m]
(2) 1 [cm] = 10^{-2} [m]이므로 3 [cm] = 3×10^{-2} [m]
(3) 1 [km] = 10^{3} [m]이므로 3 [km] = 3×10^{3} [m]

NOTE

실력 UP 문제

01 조명공학에서 사용되는 칸델라[cd]는 무엇의 단위인지 쓰시오.

02 1[Ω·m]는 몇 [Ω·cm]인지 구하시오.

03 전력량 1[Wh]와 의미가 같은 것을 고르시오.
① 1[C]
② 1[J]
③ 3,600[C]
④ 3,600[J]

04 다음 중 1[V]와 같은 값을 갖는 것을 고르시오.
① 1[J/C]
② 1[Wb/m]
③ 1[Ω/m]
④ 1[A·sec]

05 전력과 전력량에 관한 설명으로 틀린 것을 고르시오.
① 전력과 전력량은 다르다.
② 전력량은 와트로 환산된다.
③ 전력량은 칼로리 단위로 환산된다.
④ 전력은 칼로리 단위로 환산할 수 없다.

공식 | 1[J]=0.24[cal]이다.

정답 및 풀이

01 칸델라[cd]는 광도를 나타내는 SI 기본단위이다.

02 1[m]=10^2[cm]이므로
1[Ω·m]=10^2[Ω·cm]

03 1[h]=3,600[s]이므로 1[Wh]=3,600[W·s]
1[Wh]=3,600[W·s]=3,600[J]
따라서 답은 ④이다.

04 전압을 나타내는 단위는 [V]이고,
1[V]=1[W/A]=1[J/C]이다.
따라서 답은 ①이다.

05 전력의 단위는 [W]이고, 전력량의 단위는 [J]이다.
1[J]=0.24[cal]이므로 전력량은 칼로리 단위로 환산할 수 있다.
따라서 틀린 것은 ②이다.

CHAPTER 02 전기·자기 단위

1. 전기 · 자기 단위

구분	기호	단위	구분	기호	단위
힘	F	[N]	도전율	x, σ	[℧/m], [S/m]
전하량	Q	[C]	분극도	P	[C/m²]
길이	r, R, l	[m]	정전용량	C	[F]
유전율	ε	[F/m]	자계의 세기	H	[A/m], [AT/m]
전계의 세기	E	[V/m]	자속밀도	B	[Wb/m²]
체적전하밀도	ρ_v	[C/m³]	자위	U	[A], [AT]
면전하밀도	ρ_s	[C/m²]	벡터퍼텐셜	A	[Wb/m]
선전하밀도	ρ_l	[C/m]	기자력	F	[A], [AT]
전위	V	[V]	자기저항	R	[A/Wb], [AT/Wb], [H⁻¹]
속도	v	[m/s]	자기 인덕턴스	L	[H]
전속밀도	D	[C/m²]	상호 인덕턴스	M	[H]
전속	ψ	[C]	각속도, 입체각	ω	[rad], [sr]
자속	ϕ	[Wb]	광속	c	[m/s]
면적	S	[m²]	파장	λ	[m]
일, 에너지	W	[J]	주파수	f	[Hz]
투자율	μ	[H/m]	주기	T	[sec]
전류	I	[A]	포인팅벡터	P	[W/m²]
전류밀도	J, i	[A/m²]	고유임피던스	η	[Ω]
전기저항	R	[Ω]			
컨덕턴스	G	[S], [℧]			

NOTE

실력 UP 문제

01 자기저항의 단위는 무엇인지 쓰시오. *(전기기능사 기출 미리보기)*

02 전기장(전계)의 세기 단위는 무엇인지 쓰시오. *(전기기능사 기출 미리보기)*

03 유전체에서 분극의 세기(분극도) 단위는 무엇인지 쓰시오. *(전기산업기사 기출 미리보기)*

04 전하량을 측정하는 단위는 무엇인지 쓰시오. *(전기산업기사 기출 미리보기)*

05 도전율의 단위는 무엇인지 쓰시오. *(전자산업기사 기출 미리보기)*

정답 및 풀이

01 자기저항 R의 단위는 $[A/Wb]$ 또는 $[AT/Wb]$ 이다.

02 전기장(전계)의 세기 E의 단위는 $[V/m]$이다.

03 분극의 세기(분극도) P의 단위는 $[C/m^2]$이다.

04 전하량 Q의 단위는 $[C]$이다.

05 도전율 σ의 단위는 $[\mho/m]$ 또는 $[S/m]$이다.

CHAPTER 03 전기 용어

1. 전기 용어

(1) ㄱ

검류계	전류를 측정하기 위한 계기
고유저항	전류의 흐름을 방해하는 물질의 고유한 성질
고조파	기본파보다 높은 주파수(고주파와 구별 필요)
과도현상	회로에서 스위치를 닫은 후 정상상태에 이르는 사이에 나타나는 여러 가지 현상
교류	시간의 변화에 따라 크기와 방향이 주기적으로 변하는 전압·전류
기전력	전압을 연속적으로 만들어주는 힘

(2) ㄴ~ㅂ

누설전류	절연물의 양단에 전압을 가했을 때 절연물에 흐르는 전류
도전율	전류가 잘 흐르는 정도를 나타내는 물리량
등가회로	서로 다른 회로라도 전기적으로 같은 작용을 하는 회로
리액턴스	교류에서 저항 이외에 전류의 흐름을 방해하는 작용을 하는 성분
맥동률	교류분을 포함한 직류에 있어서 직류분에 대한 교류분의 비. 리플 백분율이라고도 함
무효 전력	실제로 아무런 일도 할 수 없는 전력
복소 전력	유효 전력과 무효 전력으로 구성되는 전력
부하	회로에서 전력을 소비하는 부분으로, 전구 등과 같이 전원에서 전기를 공급받아 어떤 일을 하는 기계나 기구

NOTE

(3) ㅅ

상전류	다상 교류 회로에서 각 상에 흐르는 전류
상전압	다상 교류 회로에서 각 상에 걸리는 전압
서셉턴스	어드미턴스의 허수부
선간전압	다상 교류 회로에서 단자 간에 걸리는 전압
선전류	다상 교류 회로에서 단자로부터 유입 또는 유출되는 교류
순시값	교류의 임의의 시간에 있어서 전압 또는 전류의 값
시정수	과도상태에 대한 변화의 속도를 나타내는 척도가 되는 정수
실효값	실제적인 열 효율값으로, 일반적으로 지칭하는 전압이나 전류값

(4) ㅇ

어드미턴스	임피던스의 역수
역률	전압과 전류의 위상차의 코사인 값
왜형률	전고조파의 실효값을 기본파의 실효값으로 나눈 값으로, 파형의 일그러짐 정도를 나타냄
용량 리액턴스	콘덴서의 충전작용에 의한 리액턴스
위상	주파수가 동일한 2개 이상의 교류가 동시에 존재할 때, 상호 간의 시간적인 차이
유도 리액턴스	인덕턴스의 유도 작용에 의한 리액턴스
유효 전력	전원에서 부하로 실제 소비되는 전력
인덕턴스	코일의 권수, 형태 및 철심의 재질 등에 의해 결정되는 상수
임계상태	전류가 시간에 따라 증가하다가 어느 시각에 최댓값으로 되고 점차 감소하는 상태
임피던스	교류에서 전류가 흐를 때의 전류의 흐름을 방해하는 R, L, C의 벡터합

NOTE

(5) ㅈ

전기량	전하가 가지고 있는 전기의 양
전달함수	모든 초기값을 0으로 하였을 때 출력신호의 라플라스 변환과 입력신호의 라플라스 변환의 비
전위	임의의 점에서의 전압의 값
절연저항	절연물의 저항
정류회로	교류를 직류로 변환하는 회로
정상상태	회로에서 전류 또는 전압이 일정한 값에 도달한 상태
정전용량	콘덴서가 전하를 축적할 수 있는 능력
주기	1사이클의 변화에 요하는 시간
주파수	1초 동안 반복되는 사이클 수
직류	시간의 변화에 따라 크기와 방향이 일정한 전압·전류

(6) ㅋ~ㅎ

컨덕턴스	저항의 역수
콘덴서	2개의 도체 사이에 절연물을 넣어서 정전용량을 가지게 한 소자
특성임피던스	선로에서 전압과 전류의 일정한 비
파고율	최댓값을 실효값으로 나눈 값으로, 파두의 날카로운 정도를 나타냄
파장	1주기에 대한 거리 간격
파형률	실효값을 평균값으로 나눈 값으로, 파의 기울기 정도를 나타냄
피상 전력	전원에서 공급되는 전력
휘트스톤 브리지	미지의 저항 측정 시 사용

(7) 영어, 숫자

ω(각속도)	1초 동안 회전한 각도[rad/s]
4단자 정수	4단자망의 전기적인 성질을 나타내는 정수
4단자망	입력과 출력에 각각 2개의 단자를 가진 회로

NOTE

실력 UP 문제

전기기능사 기출 미리보기

01 정현파에서 파고율이란 무엇인지 고르시오.
① $\dfrac{최댓값}{실효값}$ ② $\dfrac{평균값}{실효값}$
③ $\dfrac{실효값}{평균값}$ ④ $\dfrac{최댓값}{평균값}$

전기산업기사 기출 미리보기

02 비정현파의 일그러짐의 정도를 표시하는 양으로 왜형률이란 무엇인지 고르시오.
① $\dfrac{평균치}{실효치}$ ② $\dfrac{실효치}{최대치}$
③ $\dfrac{고조파만의 실효치}{기본파의 실효치}$ ④ $\dfrac{기본파의 실효치}{고조파만의 실효치}$

공조냉동기계기사 기출 미리보기

03 제어계에서 전달함수의 정의는 무엇인지 고르시오.
① 모든 초기값을 0으로 하였을 때 계의 입력신호의 라플라스 값에 대한 출력신호의 라플라스 값의 비
② 모든 초기값을 1로 하였을 때 계의 입력신호의 라플라스 값에 대한 출력신호의 라플라스 값의 비
③ 모든 초기값을 ∞로 하였을 때 계의 입력신호의 라플라스 값에 대한 출력신호의 라플라스 값의 비
④ 모든 초기값의 입력과 출력의 비

정답 및 풀이

01 파고율이란 최댓값을 실효값으로 나눈 값으로, 파두의 날카로운 정도를 나타낸다.
따라서 답은 ① $\dfrac{최댓값}{실효값}$ 이다.

02 왜형률이란 전고조파의 실효값을 기본파의 실효값으로 나눈 값으로, 파형의 일그러짐 정도를 나타낸다.
따라서 답은 ③ $\dfrac{고조파만의 실효치}{기본파의 실효치}$ 이다.

03 모든 초기값을 0으로 하였을 때 출력신호의 라플라스 변환과 입력신호의 라플라스 변환의 비를 전달함수라 한다.
따라서 답은 ①이다.

CHAPTER 04 전기 공식

1. 전기 상수

(1) 전자파(광)의 속도 $c = 2.997925 \times 10^8 [\text{m/s}]$

(2) 전자의 전하 $e = -1.60218 \times 10^{-19} [\text{C}]$

(3) 전자의 정지질량 $m = 9.10955 \times 10^{-31} [\text{kg}]$

(4) 전자의 비전하 $\dfrac{e}{m} = 1.758820 \times 10^{11} [\text{C/kg}]$

(5) 양성자의 질량 $m_p = 1.67252 \times 10^{-27} [\text{kg}]$

(6) 아보가드로 수 $N = 6.02214 \times 10^{23}$ → 어떤 물질 1[mol]에 담겨 있는 분자 수를 말합니다.

(7) 플랑크상수 $h = 6.62607 \times 10^{-34} [\text{J·s}]$

(8) 볼츠만상수 $k = 1.38062 \times 10^{-23} [\text{J/K}]$

(9) 중력가속도 $g = 9.80665 [\text{m/s}^2]$

(10) 진공의 유전율 $\varepsilon_0 = \dfrac{10^7}{4\pi c^2} = 8.85419 \times 10^{-12} [\text{F/m}]$

(11) 진공의 투자율 $\mu_0 = 4\pi \times 10^{-7} = 1.256637 \times 10^{-6} [\text{H/m}]$

2. 전기 공식

(1) 옴의 법칙

전기회로의 3요소인 전압 V, 전류 I, 저항 R의 관계를 나타낸 법칙이다.

$$V = IR,\ I = \dfrac{V}{R},\ R = \dfrac{V}{I}$$

① 저항이 고정이라면 전압과 전류는 비례한다.

② 전압이 고정이라면 저항과 전류는 반비례한다.

(2) 줄의 법칙

도체에 전류가 t초 동안 흐를 때 발생하는 열에너지 $W[\text{J}]$는 도체의 저항 R과 전류 I의 제곱에 비례한다.

$$W = I^2 R t$$

NOTE

(3) 쿨롱의 법칙

두 전하 사이에 작용하는 힘의 세기를 계산하는 법칙이다.

힘 F의 세기는 거리 r의 제곱에 반비례하고, 두 전하량 Q_1, Q_2의 곱에 비례한다.

$$F = \frac{1}{4\pi\varepsilon_0} \times \frac{Q_1 Q_2}{r^2}$$

$\varepsilon_0 = 8.85419 \times 10^{-12} [\text{F/m}]$이므로 다음이 성립한다.

$$F = 9 \times 10^9 \times \frac{Q_1 Q_2}{r^2}$$

(4) 앙페르의 오른나사 법칙

전류에 의해 발생하는 자기장의 회전 방향을 결정하는 법칙이다.

직선전류가 흐르면 오른나사가 진행하는 방향으로 자기장이 회전한다. 오른손 엄지를 전류의 방향이라 하면 나머지 손가락 방향으로 자기장이 회전한다.

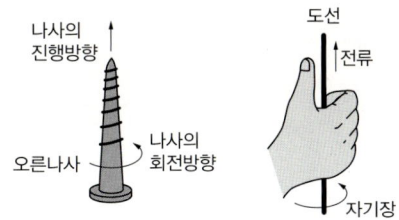

(5) 플레밍의 왼손 법칙

자계 내에 있는 도체에 전류가 흐를 때 자기장의 방향과 전류의 방향으로 힘의 방향을 결정하는 법칙이다.

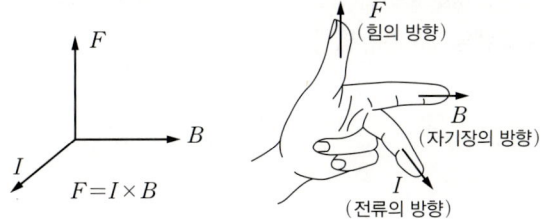

(6) 키르히호프 법칙

① 제1법칙(전류 법칙)

회로 내의 한 점에 대하여 들어오는 전류와 나가는 전류의 합이 같다. 전하는 스스로 생기거나 없어지지 않는다는 전하 보존 법칙에 근거를 둔다.

② 제2법칙(전압 법칙)

임의의 폐회로에서 회로 내 모든 전압의 합은 0이다.

NOTE

실력 UP 문제

01 1개의 전자 질량은 약 몇 [kg]인지 쓰시오.
전기기능사 기출 미리보기

02 전류에 의해 발생되는 자기장에서 자력선의 방향을 간단하게 알아내는 법칙은 무엇인지 쓰시오.
전기기능사 기출 미리보기

03 다음 중 전류의 열작용과 관계가 있는 법칙은 어느 것인지 고르시오.
① 옴의 법칙   ② 키르히호프의 법칙
③ 줄의 법칙   ④ 플레밍의 오른손 법칙
전기기능사 기출 미리보기

04 저항이 일정할 때 전류와 전압이 비례 관계를 갖는 법칙은 무엇인지 쓰시오.
전자기기기능사 기출 미리보기

05 플레밍의 왼손 법칙에서 전류의 방향을 나타내는 손가락은 어느 것인지 쓰시오.
전기기능사 기출 미리보기

정답 및 풀이

01 전자 1개의 질량은 약 9.11×10^{-31}[kg]이다.
양성자 1개의 질량은 약 1.67×10^{-27}[kg]이다.

02 전류에 의해 발생하는 자기장의 회전 방향을 결정하는 법칙은 앙페르의 오른나사 법칙이다.

03 도체에 전류가 흐를 때 발생하는 열에너지와 저항, 전류의 관계를 나타낸 법칙은 줄의 법칙이다.
따라서 답은 ③이다.

04 저항이 고정일 때, 전압과 전류가 비례하는 관계를 나타낸 법칙은 옴의 법칙이다.

05 플레밍의 왼손 법칙에서 엄지는 힘(F)의 방향, 검지는 자기장(B)의 방향, 중지는 전류(I)의 방향을 나타낸다.

실력 UP 문제

전기기능사 기출 미리보기

06 키르히호프의 법칙을 맞게 설명한 것을 고르시오.
① 제1법칙은 저항에 관한 법칙이다.
② 제2법칙은 전압에 관한 법칙이다.
③ 제1법칙은 회로망의 임의의 한 폐회로 중의 전압 강하의 대수 합과 기전력의 대수 합은 같다는 법칙이다.
④ 제2법칙은 회로망에 유입하는 전류의 합은 유출하는 전류의 합과 같다는 법칙이다.

전기산업기사 기출 미리보기

07 줄의 법칙에서 발열량[cal] 계산식을 쓰시오.

공식 | $1[J]=0.24[cal]$이다.

전기기능사 기출 미리보기

08 어떤 저항 R에 전압 V를 가하니 전류 I가 흘렀다. 이 회로에 저항 R을 20[%] 줄이면 전류 I'은 처음의 몇 배가 되는지 구하시오.

공식 | 20[%] 줄인 R은 $0.8R$과 같이 나타낼 수 있다.

전자산업기사 기출 미리보기

09 공기 중 전자파의 속도인 $\dfrac{1}{\sqrt{\varepsilon_0\mu_0}}$의 값은 약 몇 [m/s]인지 구하시오.

정답 및 풀이

06 제1법칙(전류 법칙)
회로 내의 한 점에 대하여 들어오는 전류와 나가는 전류의 합은 같다.
제2법칙(전압 법칙)
임의의 폐회로에서 회로 내 모든 전압의 합은 0이다.
따라서 답은 ②이다.

07 줄의 법칙: $W=I^2Rt[J]$
$1[J]=0.24[cal]$이므로 $H=0.24I^2Rt[cal]$

08 $I=\dfrac{V}{R}$에서 $R'=0.8R$이라 하면
$I'=\dfrac{V}{R'}=\dfrac{V}{0.8R}=\dfrac{1}{0.8}\times\dfrac{V}{R}$
$=1.25\times\dfrac{V}{R}=1.25I$
따라서 전류 I'은 처음의 1.25배가 된다.

09 $\varepsilon_0=8.85419\times10^{-12}$ [F/m],
$\mu_0=1.256637\times10^{-6}$ [H/m]이므로
$\dfrac{1}{\sqrt{\varepsilon_0\mu_0}}\fallingdotseq 3\times10^8$ [m/s]

수포자 탈출 자격검정

실전 계산 기출로
수포자 탈출을 증명한다!

관련 자격증

- 전기기능사, 전기산업기사, 전기기사
- 전기공사산업기사, 전기공사기사
- 소방설비산업기사, 소방설비기사(전기분야 / 기계분야)
- 위험물기능사, 위험물산업기사
- 일반기계기사
- 대기환경산업기사, 대기환경기사
- 토목산업기사, 토목기사
- 화공기사
- 공조냉동기계기능사, 공조냉동기계산업기사, 공조냉동기계기사
- 산업위생관리산업기사, 산업위생관리기사
- 가스기능사, 가스산업기사, 가스기사
- 전자기기기능사, 전자산업기사, 전자기사
- 용접기능사, 용접산업기사, 용접기사

수포자 탈출 자격검정

기출문제	정답 및 풀이

전기공사산업기사

01 3상 회로의 대칭분 전압이 $V_0=-8+j3[\text{V}]$, $V_1=6-j8[\text{V}]$, $V_2=8+j12[\text{V}]$일 때, a상의 전압[V]은? (단, V_0는 영상분, V_1은 정상분, V_2는 역상분 전압이다.)

공식 | $V_a=V_0+V_1+V_2$

01 $V_a=(-8+j3)+(6-j8)+(8+j12)$
$=(-8+6+8)+j(3-8+12)=6+j7[\text{V}]$

용접기능사, 용접산업기사

02 인장강도가 $530[\text{N/mm}^2]$인 모재를 용접하여 만든 용접시험편의 인장강도가 $380[\text{N/mm}^2]$일 때 이 용접부의 이음효율은 약 몇 [%]인가?

공식 | 이음효율[%] $=\dfrac{\text{용접부 인장강도 }[\text{N/mm}^2]}{\text{모재의 인장강도 }[\text{N/mm}^2]}\times 100$

02 이음효율 $=\dfrac{380}{530}\times 100 ≒ 71.70[\%]$

위험물기능사

03 화재 시 이산화탄소를 사용하여 공기 중 산소의 농도를 $21[\text{vol}\%]$에서 $13[\text{vol}\%]$로 낮추려면 공기 중 이산화탄소의 농도는 몇 $[\text{vol}\%]$가 되어야 하는가?

공식 | $CO_2=\dfrac{21-O_2}{21}\times 100$
(CO_2: 이산화탄소의 농도[vol%], O_2: 산소의 농도[vol%])
공식의 '21'은 평상시 공기 중 산소의 농도 $21[\text{vol}\%]$를 의미한다.

03 $CO_2=\dfrac{21-13}{21}\times 100 ≒ 38.10[\text{vol}\%]$

| 기출문제 | 정답 및 풀이 |

일반기계기사, 용접기사

04 압연공정에서 압연하기 전 원재료의 두께를 50[mm], 압연 후 재료의 두께를 30[mm]로 한다면 압하율[%]은 얼마인가?

공식 | 압하율[%] $= \dfrac{h_0 - h_1}{h_0} \times 100$
(h_0: 압연 전 두께[mm], h_1: 압연 후 두께[mm])

04 압하율 $= \dfrac{50-30}{50} \times 100 = 40[\%]$

건축산업기사

05 60[cm]×40[cm]×45[cm]인 화강석 200개를 8톤 트럭으로 운반하고자 할 때, 필요한 차의 대수는? (단, 화강석의 비중은 약 2.7이다.)

공식 | 무게[ton] = 부피[m³] × 비중

05 60[cm]=0.6[m], 40[cm]=0.4[m], 45[cm]=0.45[m]이므로
화강석 1개의 무게
$= (0.6 \times 0.4 \times 0.45) \times 2.7 = 0.2916[\text{ton}]$
화강석 200개의 무게
$= 0.2916 \times 200 = 58.32[\text{ton}]$
58.32÷8=7.290이므로 필요한 차는 **8대**이다.

소방설비기사(기계분야)

06 원심펌프를 이용하여 0.2[m³/s]로 저수지의 물을 2[m] 위의 물탱크로 퍼 올리고자 한다. 펌프의 효율이 80[%]라고 하면 펌프에 공급해야 하는 동력[kW]은? (단, 물의 비중량은 9.8 [kN/m³]이다.)

공식 | $P = \dfrac{\gamma Q H}{\eta}$
(P: 동력[kW], γ: 비중량[kN/m³], Q: 유량[m³/s], H: 높이[m], η: 효율)
유량은 유체가 이동하는 양을 말한다.

06 $P = \dfrac{9.8 \times 0.2 \times 2}{0.8} = 4.9[\text{kW}]$

기출문제

토목산업기사

07 수직 응력이 $60[kN/m^2]$이고, 흙의 내부 마찰각이 $45°$일 때 흙의 전단강도$[kN/m^2]$는? (단, 점착력 c는 0이다.)

공식 | $\tau = c + \sigma \tan\phi$
(τ: 흙의 전단강도$[kN/m^2]$, c: 점착력$[kN/m^2]$, σ: 유효 수직 응력$[kN/m^2]$, ϕ: 흙의 내부 마찰각$[°]$)

대기환경기사

08 배기장치의 송풍기에서 $1{,}000[m^3/min]$의 배기가스를 배출하고 있다. 이 장치의 압력손실은 $250[mmH_2O]$이고, 송풍기의 효율이 $65[\%]$라면 이 장치를 움직이는 데 소요되는 동력$[kW]$은?

공식 | $L_a = \dfrac{Q \times P_t}{6{,}120 \times \eta}$
(L_a: 소요동력$[kW]$, Q: 풍량$[m^3/min]$, P_t: 압력손실$[mmH_2O]$, η: 효율)

공조냉동기계산업기사

09 $100[mH]$의 자기 인덕턴스를 가진 코일에 $10[A]$의 전류가 통과할 때 축적되는 에너지는 몇 $[J]$인가?

공식 | $W = \dfrac{1}{2}LI^2$
(W: 에너지$[J]$, L: 인덕턴스$[H]$, I: 전류$[A]$)

정답 및 풀이

07 $\tau = 0 + 60 \times \tan 45° = 60[kN/m^2]$

08 $L_a = \dfrac{1{,}000 \times 250}{6{,}120 \times 0.65} \fallingdotseq 62.85[kW]$

09 $1[mH] = 10^{-3}[H]$이므로
$100[mH] = 100 \times 10^{-3}[H]$
$W = \dfrac{1}{2} \times (100 \times 10^{-3}) \times 10^2 = 5[J]$

| 기출문제 | 정답 및 풀이 |

대기환경산업기사

10 배출가스를 피토관으로 측정한 결과, 동압이 6[mmH$_2$O]일 때 배출가스 평균 유속[m/s]은? (단, 피토관 계수=1.5, 중력가속도=9.8[m/s^2], 굴뚝 내 습한 배출가스 밀도=1.3[kg/m^3]이다.)

공식 | $V = C\sqrt{\dfrac{2gh}{\gamma}}$

(V: 배출가스 유속[m/s], C: 피토관 계수, g: 중력가속도 [m/s^2], h: 동압 측정치[mmH$_2$O], γ: 습한 배출가스 밀도[kg/m^3])

10 $V = 1.5\sqrt{\dfrac{2 \times 9.8 \times 6}{1.3}} ≒ 14.27\,[\text{m/s}]$

가스기능사

11 20[kg] LPG 용기의 내용적은 몇 [L]인가? (단, 충전상수는 2.35이다.)

공식 | $W = \dfrac{V}{C}$

(W: 무게[kg], V: 내용적[L], C: 충전상수)

11 $V = WC$이므로
$V = 20 \times 2.35 = 47\,[\text{L}]$

산업위생관리기사

12 젊은 근로자의 약한 손(오른손잡이일 경우 왼손)의 힘이 평균 45[kp]일 경우 이 근로자가 무게 10[kg]인 상자를 두 손으로 들어 올릴 경우의 작업강도[%MS]는 약 얼마인가?

공식 | 작업강도[%MS] $= \dfrac{\text{RF}}{\text{MS}} \times 100$

(RF: 작업 시 한 손에 요구되는 힘[kg], MS: 근로자가 가진 최대 힘[kp])
킬로폰드[kp]는 힘의 단위로 1[kp]=1[kgf]이다.

12 상자의 무게는 10[kg]인데 두 손으로 들어 올리므로 한 손에 요구되는 힘은 $\dfrac{10}{2} = 5\,[\text{kg}]$이다.
작업강도 $= \dfrac{5}{45} \times 100 ≒ 11.11\,[\%\text{MS}]$

| 기출문제 | 정답 및 풀이 |

전기기능사

13 $C=5[\mu F]$인 평행판 콘덴서에 $5[V]$인 전압을 걸어줄 때, 콘덴서에 축적되는 에너지는 몇 $[J]$인가?

공식 | $W=\dfrac{1}{2}CV^2$

(W: 에너지$[J]$, C: 정전용량$[F]$, V: 전압$[V]$)

13 $1[\mu F]=10^{-6}[F]$이므로 $5[\mu F]=5\times 10^{-6}[F]$
$W=\dfrac{1}{2}\times(5\times 10^{-6})\times 5^2=6.25\times 10^{-5}[J]$

건축기사

14 음의 세기가 $10^{-9}[W/m^2]$일 때 음의 세기 레벨 $[dB]$은? (단, 기준음의 세기 $I_0=10^{-12}[W/m^2]$이다.)

공식 | $SIL=10\log\dfrac{I}{I_0}$

(SIL: 음의 세기 레벨$[dB]$, I: 대상음의 세기$[W/m^2]$, I_0: 기준음의 세기$[W/m^2]$)

14 $SIL=10\log\dfrac{10^{-9}}{10^{-12}}$
$=10\log 10^3=10\times 3=30[dB]$

전기공사기사

15 대칭 6상 성형결선 전원의 상전압의 크기가 $100[V]$일 때 이 전원의 선간전압의 크기$[V]$는?

공식 | $V_l=2V_p\sin\dfrac{\pi}{n}$

(V_l: 선간전압$[V]$, V_p: 상전압$[V]$, n: 상의 수)

15 $V_l=2\times 100\times\sin\dfrac{\pi}{6}$
$=2\times 100\times\sin 30°$
$=2\times 100\times\dfrac{1}{2}=100[V]$

기출문제

전기기사, 전자기사

16 10[mm]의 지름을 가진 동선에 50[A]의 전류가 흐르고 있을 때 단위시간 동안 동선의 단면을 통과하는 전자의 수는 약 몇 개인가?

공식 | $I=\dfrac{Q}{t}$, $Q=ne$
(I: 전류[A], Q: 전하량[C], t: 시간[sec], n: 동선의 단면을 통과하는 전자의 수, e: 전자 1개의 전하량[C])

위험물산업기사

17 원자량이 56인 금속 M 1.12[g]을 산화시켜 실험식이 M_xO_y인 산화물 1.60[g]을 얻었다. x, y는 각각 얼마인가? (단, 산소 O의 원자량은 16이다.)

공식 | M_xO_y는 금속 M x개와 산소 O y개로 이루어진 화합물이다. (x, y는 자연수)

공조냉동기계기능사

18 저항이 250[Ω]이고 40[W]인 전구가 있다. 점등 시 전구에 흐르는 전류[A]는?

공식 | $P=VI$, $V=IR$
(P: 전력[W], V: 전압[V], I: 전류[A], R: 저항[Ω])

정답 및 풀이

16 $I=\dfrac{Q}{t}=\dfrac{ne}{t}$ 이므로 $n=\dfrac{It}{e}$

이때 $e=1.60218\times 10^{-19}$이므로

$n=\dfrac{50\times 1}{1.60218\times 10^{-19}}≒3.12\times 10^{20}$[개]

17 금속 M의 질량이 1.12[g]이므로 산소 O의 질량은 $1.60-1.12=0.48$[g]이다.

다음과 같이 비례식을 세울 수 있다.

M의 개수 : O의 개수 $=\dfrac{1.12}{56}:\dfrac{0.48}{16}=0.02:0.03$

$0.02:0.03$을 가장 간단한 자연수의 비로 나타내면 $2:3$이므로 $x=2$, $y=3$이다.

18 $P=VI=I^2R$이므로 $I=\sqrt{\dfrac{P}{R}}$

$I=\sqrt{\dfrac{40}{250}}=0.4$[A]

기출문제	정답 및 풀이

소방설비기사(전기분야)

19 $R=10[\Omega]$, $C=33[\mu F]$, $L=20[mH]$인 RLC 직렬회로의 공진주파수는 약 몇 $[Hz]$인가?

공식ㅣ $f_0 = \dfrac{1}{2\pi\sqrt{LC}}$

(f_0: 직렬회로의 공진주파수[Hz], L: 인덕턴스[H], C: 정전용량[F])

19 $1[\mu F]=10^{-6}[F]$이므로 $33[\mu F]=33\times10^{-6}[F]$
$1[mH]=10^{-3}[H]$이므로 $20[mH]=20\times10^{-3}[H]$

$f_0 = \dfrac{1}{2\pi\sqrt{(20\times10^{-3})\times(33\times10^{-6})}}$

$= \dfrac{1}{2\pi\sqrt{6.6\times10^{-7}}} \fallingdotseq 195.91[Hz]$

가스기사

20 지름 $20[cm]$인 원형관이 한 변의 길이가 $20[cm]$인 정사각형 단면을 가지는 덕트와 연결되어 있다. 원형관에서 물의 평균속도가 $2[m/s]$일 때, 덕트에서 물의 평균속도$[m/s]$는 얼마인가?

공식ㅣ $Q=AV$

(Q: 유량[m³/s], A: 단면적[m²], V: 유속[m/s])
원의 넓이는 $\pi \times$ (반지름의 길이)²이고, 정사각형의 넓이는 (한 변의 길이)²이다.

20 유량은 일정하므로 단면적과 유속은 반비례한다.
원형관의 단면적 $= \pi \times (0.1)^2 \fallingdotseq 0.0314[m^2]$
덕트의 단면적 $= 0.2 \times 0.2 = 0.04[m^2]$
다음과 같이 비례식을 세울 수 있다.

$\dfrac{1}{0.0314} : \dfrac{1}{0.04} = 2 : x$

$\dfrac{1}{0.0314}x = \dfrac{2}{0.04}$, $x = \dfrac{2}{0.04} \times 0.0314 = 1.57[m/s]$

화공기사

21 어떤 기체의 임계압력이 $2.9[atm]$이고, 반응기 내의 계기압력이 $30[psi]$였다면 환산압력은? (단, $1[atm]=14.7[psi]$이다.)

공식ㅣ 절대압력[atm] = 계기압[atm] + 대기압($1[atm]$)

환산압력 $= \dfrac{\text{절대압력[atm]}}{\text{임계압력[atm]}}$

21 다음과 같이 계기압력 $30[psi]$를 비례식을 세워 $[atm]$ 단위로 환산할 수 있다.

$1 : x = 14.7 : 30$

$30 = 14.7x$, $x = \dfrac{30}{14.7} \fallingdotseq 2.04[atm]$

절대압력 $= 2.04 + 1 = 3.04[atm]$

환산압력 $= \dfrac{3.04}{2.9} \fallingdotseq 1.05$

기출문제	정답 및 풀이

일반기계기사, 공조냉동기계기사

22 효율이 $40[\%]$인 열기관에서 유효하게 발생되는 동력이 $110[kW]$라면 주위로 방출되는 총 열량은 약 몇 $[kW]$인가?

공식 | $e = \dfrac{Q_1}{Q_1 + Q_2}$

(e: 효율, Q_1: 발생되는 열량$[kW]$, Q_2: 방출되는 열량 $[kW]$)

22 $e(Q_1+Q_2)=Q_1$, $Q_1+Q_2=\dfrac{Q_1}{e}$, $Q_2=\dfrac{Q_1}{e}-Q_1$

$Q_2 = \dfrac{110}{0.4} - 110 = 165[kW]$

전자기기기능사

23 임피던스 $Z=6+j8[\Omega]$에서 서셉턴스$[\mho]$는?

공식 | 어드미턴스 $Y=G-jB$는 임피던스의 역수이고, 서셉턴스는 어드미턴스의 허수부 B이다.

23 임피던스 $Z=6+j8$이므로

어드미턴스 $Y = \dfrac{1}{6+j8} = \dfrac{6-j8}{(6+j8)(6-j8)}$

$= \dfrac{6-j8}{6^2 - (j8)^2} = \dfrac{6-j8}{36-(-64)}$

$= \dfrac{6-j8}{100} = 0.06 - j0.08$

따라서 서셉턴스는 $0.08[\mho]$이다.

토목기사

24 어떤 금속의 탄성계수 E가 $21 \times 10^4[MPa]$이고, 전단 탄성계수 G가 $8 \times 10^4[MPa]$일 때, 금속의 푸아송 비는?

공식 | $G = \dfrac{E}{2(1+\nu)}$

(G: 전단 탄성계수$[MPa]$, E: 탄성계수$[MPa]$, ν: 푸아송 비)

24 $2(1+\nu) = \dfrac{E}{G}$, $1+\nu = \dfrac{E}{2G}$, $\nu = \dfrac{E}{2G} - 1$

$\nu = \dfrac{21 \times 10^4}{2 \times (8 \times 10^4)} - 1 = \dfrac{21}{16} - 1 = 0.3125$

기출문제	정답 및 풀이

소방설비산업기사(기계분야)

25 0[℃] 얼음 1[g]이 100[℃]의 수증기가 되려면 몇 [cal]의 열량이 필요한가? (단, 0[℃] 얼음의 융해열은 80[cal/g]이고, 100[℃] 물의 증발잠열은 539[cal/g], 물의 비열은 1[cal/g·℃]이다.)

공식 | $Q = mC \Delta T$
(Q: 열량[cal], m: 질량[g], C: 비열[cal/g·℃], ΔT: 온도차[℃])
$Q = mr$
(Q: 열량[cal], m: 질량[g], r: 융해열 또는 잠열[cal/g])
얼음이 수증기가 되려면 0[℃] 얼음 → 0[℃] 물 → 100[℃] 물 → 100[℃] 수증기의 변화를 거쳐야 한다.

25 (1) 0[℃] 얼음 1[g] → 0[℃] 물 1[g]
$Q = 1 \times 80 = 80[\text{cal}]$
(2) 0[℃] 물 1[g] → 100[℃] 물 1[g]
$Q = 1 \times 1 \times 100 = 100[\text{cal}]$
(3) 100[℃] 물 1[g] → 100[℃] 수증기 1[g]
$Q = 1 \times 539 = 539[\text{cal}]$
따라서 필요한 열량은 $80 + 100 + 539 = 719[\text{cal}]$이다.

산업위생관리기사

26 기초대사량이 75[kcal/h]이고, 작업대사량이 4[kcal/min]인 작업을 계속하여 수행하고자 할 때, 아래 식을 참고하면 계속작업한계시간은? (단, $T_{end}[\text{min}]$는 계속작업한계시간, RMR은 작업대사율을 의미한다.)

$$\log T_{end} = 3.724 - 3.25 \times \log \text{RMR}$$

공식 | 작업대사율 $= \dfrac{\text{작업대사량[kcal/min]}}{\text{기초대사량[kcal/min]}}$

26 $75[\text{kcal/h}] = \dfrac{75[\text{kcal}]}{1[\text{h}]} = \dfrac{75[\text{kcal}]}{60[\text{min}]}$
$= 1.25[\text{kcal/min}]$
작업대사율 $= \dfrac{4}{1.25} = 3.2$
$\log T_{end} = 3.724 - 3.25 \times \log 3.2 ≒ 2.08$
$T_{end} = 10^{2.08} ≒ 120[\text{min}]$
따라서 계속작업한계시간은 2시간이다.

가스산업기사

27 펌프의 토출량이 6[m³/min]이고, 송출구의 안지름이 20[cm]일 때 유속은 약 몇 [m/s]인가?

공식 | $Q = AV$, $A = \dfrac{\pi D^2}{4}$
(Q: 토출량[m³/s], A: 단면적[m²], V: 유속[m/s], D: 안지름[m])

27 $Q = AV = \left(\dfrac{\pi D^2}{4}\right)V$이므로 $V = \dfrac{Q}{\dfrac{\pi D^2}{4}} = \dfrac{4Q}{\pi D^2}$
$6[\text{m}^3/\text{min}] = \dfrac{6[\text{m}^3]}{1[\text{min}]} = \dfrac{6[\text{m}^3]}{60[\text{s}]} = \dfrac{1}{10}[\text{m}^3/\text{s}]$
$20[\text{cm}] = 20 \times 10^{-2}[\text{m}] = 0.2[\text{m}]$
$V = \dfrac{4 \times \dfrac{1}{10}}{\pi \times (0.2)^2} ≒ 3.18[\text{m/s}]$

기출문제

전기기사

28 그림과 같이 광원 L에 의한 모서리 B의 조도가 $20[\text{lx}]$일 때, B로 향하는 방향의 광도는 약 몇 $[\text{cd}]$인가?

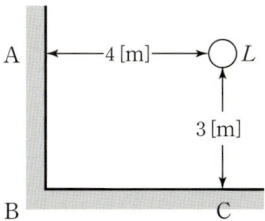

공식 | $E_h = \dfrac{I}{R^2}\cos\theta$

(E_h: 수평면 조도[lx], I: 광도[cd], R: 광원으로부터의 거리[m])

$R = \overline{BL}$은 피타고라스 정리에 의해 구할 수 있고, $\cos\theta = \dfrac{\overline{CL}}{\overline{BL}}$이다.

전기산업기사

29 어떤 회로에서 $t=0$초에 스위치를 닫은 후 $i(t) = 2t + 3t^2[\text{A}]$의 전류가 흘렀다. 30초까지 스위치를 통과한 총 전기량$[\text{A}\cdot\sec]$은?

공식 | $q = \displaystyle\int_0^t i(t)dt$

(q: 전기량$[\text{A}\cdot\sec]$, $i(t)$: 시간에 대한 전류함수[A], t: 통전시간[sec])

전기산업기사

30 $f(t) = \sin t + 2\cos t$를 라플라스 변환하면?

정답 및 풀이

28 $I = \dfrac{E_h \times R^2}{\cos\theta}$

이때 피타고라스 정리에 의하여
$R = \overline{BL} = \sqrt{(\overline{BC})^2 + (\overline{CL})^2} = \sqrt{4^2 + 3^2} = 5[\text{m}]$이고,
$\cos\theta = \dfrac{\overline{CL}}{\overline{BL}} = \dfrac{3}{5}$이므로
$I = \dfrac{20 \times 5^2}{\dfrac{3}{5}} \fallingdotseq 833.33\,[\text{cd}]$

29 $q = \displaystyle\int_0^{30}(2t + 3t^2)dt = [t^2 + t^3]_0^{30}$
$= (30^2 + 30^3) - 0$
$= 27{,}900[\text{A}\cdot\sec]$

30 $\mathcal{L}[\sin t] = \dfrac{1}{s^2+1}$, $\mathcal{L}[\cos t] = \dfrac{s}{s^2+1}$이므로
$\mathcal{L}[f(t)] = \mathcal{L}[\sin t + 2\cos t]$
$= \mathcal{L}[\sin t] + 2\mathcal{L}[\cos t]$
$= \dfrac{1}{s^2+1} + 2 \times \dfrac{s}{s^2+1} = \dfrac{2s+1}{s^2+1}$

에듀윌이
너를
지지할게
ENERGY

삶의 순간순간이
아름다운 마무리이며
새로운 시작이어야 한다.

– 법정 스님

에듀윌 전기수학

발 행 일	2022년 5월 13일 초판 | 2023년 11월 15일 2쇄
편 저 자	송일섭
펴 낸 이	양형남
펴 낸 곳	(주)에듀윌
등록번호	제25100-2002-000052호
주 소	08378 서울특별시 구로구 디지털로34길 55 코오롱싸이언스밸리 2차 3층

* 이 책의 무단 인용 · 전재 · 복제를 금합니다.

www.eduwill.net
대표전화 1600-6700

**여러분의 작은 소리
에듀윌은 크게 듣겠습니다.**

본 교재에 대한 여러분의 목소리를 들려주세요.
공부하시면서 어려웠던 점, 궁금한 점,
칭찬하고 싶은 점, 개선할 점, 어떤 것이라도 좋습니다.

에듀윌은 여러분께서 나누어 주신 의견을
통해 끊임없이 발전하고 있습니다.

에듀윌 도서몰 book.eduwill.net
- 부가학습자료 및 정오표: 에듀윌 도서몰 → 도서자료실
- 교재 문의: 에듀윌 도서몰 → 문의하기 → 교재(내용, 출간) / 주문 및 배송